수학을
잘할 수밖에 없는
수학 공부법

수학을 잘할 수밖에 없는 수학 공부법

초판 1쇄 2021년 08월 26일

지은이 이샛별 | **펴낸이** 송영화 | **펴낸곳** 굿위즈덤 | **총괄** 임종익

등록 제 2020-000123호 | **주소** 서울시 마포구 양화로 133 서교타워 711호

전화 02) 322-7803 | **팩스** 02) 6007-1845 | **이메일** gwbooks@hanmail.net

ⓒ 이샛별, 굿위즈덤 2021, *Printed in Korea*.

ISBN 979-11-91447-53-8 03590 | 값 15,000원

초등 수학을 제대로 잡아야 고등 수학까지 편하다!

수학을
잘할 수밖에 없는
수학 공부법

이샛별 지음

굿위즈덤

아이들의 행복한 수학 공부, 바른 공부 습관을 위해!

"수학의 시작은 머리가 아닌 가슴이다. 머리로 시작한 수학은 끝이 있고, 가슴으로 시작한 수학은 끝없이 펼쳐진다."

15년이 넘는 시간 동안 과외, 학원, 공부방, 선행학습, 경시대회준비 등 아이들과 지지고 볶으며 수학을 함께 해왔다. 처음엔 열정이 넘쳐 그걸 알아주지 못하는 아이들에게 서운한 생각이 들 때도 있었다. 시간이 조금 지나면서 아이들을 대하는 일도 능숙해졌다. 시간이 더 흘러 두 아이의 엄마가 되자 아이들을 바라보는 시선은 또 달라졌다. 그전에는 보지 못했던 아이들의 눈빛들이 보이기 시작했다.

아마도 아이를 낳지 않았다면 나의 생각은 크게 변함도 없었을 것이고 이 책도 나오지 않았을 것이다.

공부가 잘 되지 않고, 공부를 하기 싫어하는 아이들에게는 분명 이유가 있다. "무조건 해라, 일단 하고 얘기하자."라는 말은 사실 아이들이 납득하기 어렵다. 그런데 나 또한 아이를 낳기 전엔 그래왔다. 당장 며칠만 참고 시험 공부를 하면 내신 성적이 잘 나온다, 몇 년만 힘들어도 참고 선행 공부해서 고등학교 가면 편해진다. 한 계단씩 올라가는 미래가 아닌 허공을 걷는 미래를 계속 이야기했던 것이다.

그래서 "참아, 참고 일단 공부해." 이런 말은 매일매일이 행복해야 하는 아이들에게 너무 가혹한 말이었다. 오늘의 즐거운 공부의 기억이 쌓여 일주일이 되고, 그 일주일이 한 달, 일 년이라는 시간을 만들면서 공부는 즐거운 것, 마냥 즐겁지는 않아도 이 정도쯤은 해낼 수 있는 것이라고 생각하며 공부를 해야 한다고 생각한다. 이 즐거운 기억으로 공부를 해야 하는 것이다. 그러기 위해서는 겉으로 드러나 보이는 문제점만을 해결하는 것으로는 상황을 변화시키기 어렵다. 보상으로 선물을 사주고 칭찬스티커 모으고 이런 것도 중요하지만 근본적으로는 우선해서 아이의 마음을 들여다봐야 하는 것이다. 부모와 선생님이 함께 말이다.

그래서 나는 이 책을 통해 아이들이 수학을 잘하는 법을 익히는 것 이상으로 더 신경을 쓴 부분이 있다. 바로 아이들의 마음을 챙기는 것이었다.

수학을 "어렵다, 싫다, 포기, 수포자, 저리 가."등 부정적인 단어들로만 해석할 필요가 있을까?

초등학교 때 의식적으로 배우면 학습이지만 무의식적으로 배우면 습관이 된다. 습관을 잡기 제일 좋은 시기와 수학이 중요해지는 시기는 유치원에서부터 초등 저학년 때로 겹친다. 그래서 이 시기에 수학이라는 과목을 통해 공부 습관을 하나씩 즐겁게 만들어가는 것이다.

아이를 양육한다는 건 큰 맥락에서 보면 자식과 부모가 인간으로서 함께 성장하는 과정이다. 부모 또한 완벽한 존재가 아니기 때문에 시행착오를 겪는 과정인 것이다. 도움이 필요하신 분들이 계시다면 도와드리고 싶은 마음이 간절하다.

"돈을 좇지 말고 돈이 나를 좇아오게 하라."라는 말이 있다. 수학도 마찬가지이다. 오로지 성적만 보고 간다면 얼마 못 가 그 바닥은 드러나게 되어 있다. 목적보다는 과정을 더 중요하게 본다면 수학 성적, 학교 성적은 저절로 오를 것이고 아이는 행복하게 공부하는 아이가 될 것이다. 우리가 인생을 사는 목적을 정확히 알고 살아간다면 모든 문제들은 우주의 티끌에 불과할 것이고 우리는 조금 더 큰 사람이 될 것이고, 아이들과 지혜롭게 인생을 살아갈 것이다.

책을 읽을 줄만 알던 내게 책은 쓰는 것이라는 것을 알려주시고 끈기가 사라지기 전에 책을 쓸 수 있도록 도와주신 〈한국책쓰기1인창업코칭협회(이하 한책협)〉의 김태광 대표님(김도사), 내가 나를 정의할 수 있도록 응원해주시는 멘토 권동희 대표님께 진심으로 감사의 말씀을 전하고 싶다. 우연히 알게 되었지만 운명같이 끌렸던 대표님께 배웠기 때문에 즐겁게, 제대로 빠르게 책을 쓸 수 있었다.

나를 항상 응원해주는 나의 엄마 이인숙 여사님, 막내며느리를 딸같이 예뻐해주시는 어머님, 평생 친구 내동생 빛나와 제부 김뱅씨, 조카딸 내 사랑 주아, 활력소 아들 시윤, 서윤, 하늘나라에서 우리 가족을 지켜주고 있는 아빠, 언제나 나를 믿고 지지해주는 나의 슈퍼맨 남편 성학 오빠에게 사랑과 감사의 마음을 전한다. 연기대상 수상소감도 아니고 '이름 안 부르면 서운하겠지?' 이런 생각이 드는 건 주변에서 도와주신 분들이 많아서인 것 같다.

마지막으로 초등 자녀를 두신 부모님들이나 중고등 자녀를 두신 부모님께도 자녀의 행복한 수학 공부를 위해 고민하고 계시다면 이 책을 추천한다. 그리고 수학으로 어려움을 겪고 있는 학생들과 부모님들에게 조금이라도 힘이 되길 바란다.

목 차

1장 왜 수학 성적이 오르지 않을까

2장 수학이 쉬울 수밖에 없는 이유

3장 공부보다 동기부여가 먼저다

4장 수학을 잘할 수밖에 없는 수학 공부법 7가지

5장 수학은 자신감이다

1장

왜 수학 성적이
오르지 않을까

왜 수학 성적이 오르지 않을까

"우와~ 쥬쥬 이층집이다~"

요즘 여자아이들도 좋아하는 쥬쥬 인형과 인형이 사는 이층 대저택. 초등학교 2학년 올백(모든 과목 백점)을 맞고 받은 선물이다. 내가 초등학교에 다니던 때에는 학교에서 시험을 자주 봤다. 단원평가, 중간고사, 기말고사 등 시험이 끝나면 아이들의 시험지마다 점수가 매겨진다. 그 점수는 시험지와 함께 가정으로 보내졌고 부모님의 확인 사인을 받아온다. 점수를 잘 받은 아이는 칭찬을 받았을 것이며, 잘 받지 못한 아이는 꾸중을 들었을 것이다.

초등학교 때 공부를 곧잘 하던 나는 학교에서 수학을 잘하는 아이였다. 그런 나도 중학생, 고등학생이 되면서 수학이 점점 어려워졌다. 왜 그랬을까?

나는 15년 넘게 아이들에게 수학을 가르쳐왔다. 나는 나처럼 수학을 좋아하다가 싫어하게 되거나, 처음부터 수학을 싫어하게 된 무수히 많은 아이의 사례를 보아왔다. 오히려 수학이 재미있다고 하는 아이들을 손에 꼽는 것이 빠를 것이다.

이유가 무엇이었을까 하고 생각해보면 크게 3가지인 것 같다.

첫째, 수학 교육은 나선형 교육 과정으로 학습 내용이 연계되어 있다.
나선형 교육 과정은 제롬 브루너(나선형 교육 과정을 제시한 학자)가 '지식의 구조'를 가르치기 위해 건설한 교육 과정이다. 처음에는 쉬운 교육 내용을 배우고 단계적으로 계속해서 학습 내용의 수준을 높여가며 확장하고 깊이 있게 배우게 한다. 초등수학, 중등수학을 기본부터 탄탄하게 잘 닦아두어야 하는 이유가 바로 이러한 교육 과정 때문이다.

지금 생각을 해보면, 나의 사춘기는 중학교 1학년 때였던 것 같다. 초등학교 내내 열심히 공부했던 열정적인 마음이 사라졌다. 학교 수업시간엔 수업 내용을 전혀 듣지 않았다. 잠을 자거나 친구들과 교환편지를 주고받거나 딴생각을 했다. 학교가 끝나면 친구들과 저녁까지 놀았다. HOT 세대인 나는 오빠들의 음악을 듣고, 드림 콘서트나 기아 체험 24시 등 오빠들이 나오는 곳이라면 어디든지 쫓아다녔다. 밤늦게까지 오빠들이 나오는 라디오를 들었다. 새벽에 잠들고 아침에 늦게 일어나 학교에 가서 또 자고 정말 놀기만 했다.

학원도 다녔지만, 학원 생활도 학교 생활과 별반 다르지 않았다. 오히려 학원을 놀러 다녔던 기억이 난다. 학원에 돈만 가져다준 꼴이었다. 친구들과 열심히 1년 정도를 실컷 놀았다. 지금 생각해보면 이러한 방황의 시간이 귀엽다.

어느 순간 놀 만큼 논 것 같아 공부를 다시 해보려고 했다. 다른 과목들은 암기를 조금 더 하고 노력을 조금 더 하면 따라갈 수 있었다. 그런데, 수학은 시간이 더 오래 걸렸다.

중학교 1학년 과정에 나오는 정수와 유리수, 문자와 식을 모르고는 방정식 함수가 무엇인지 전혀 감을 잡을 수가 없었다. 수학 때문에 힘들어하는 날 보고 엄마께서 과외를 권하셨다. 과외를 하면서 실력이 조금씩 쌓이다 보니 어느 순간 다시 수학에 자신감이 생기기 시작했다.

기본 개념을 정확히 파악하고 여러 가지 문제 유형들을 계속해서 학습

해야 하는 수학 교육에서 학습 공백이라는 것은 굉장히 치명적이라는 것을 느꼈다.

아이들 또한, 그럴 것이다. 잠깐 1, 2단원 손 놓고 안 하다가 '다음 단원부터 열심히 해야지.'가 다른 과목들에서는 가능하지만, 수학에서는 절대 불가능하다. 손 놓았던 1, 2단원을 다시 공부하고 다음 단원을 넘어가야 하기 때문이다. 많은 학부모나 학생은 지나간 학년의 교과 내용을 다시 공부하는 것을 좋아하지 않는다. 시간 낭비인 것 같고, 지금 하는 과정을 열심히 하면 될 것으로 생각하기 때문인 듯하다. 하지만 수학은 예외라는 걸 인식하는 것이 중요하다. 그리고 아이의 현재 상태를 파악하고 중학교 1학년이라도 초등학교 5학년 과정이 제대로 이루어져 있지 않다면 그 개념을 다시 정리하고 넘어가는 것이 필요하다. 그 학년을 모두 꼼꼼히 공부할 필요는 없다. 현재 진도를 나가는 데 방해가 되지 않을 정도만, 전 단계의 학년에서 연관 단원을 찾아 공부하면 된다.

이 부분도 어렵지 않다. EBS 온라인 학습프로그램에 들어가서 무료강의를 듣거나, 과외나 유료 강의를 수강하는 것도 좋은 방법이다.

그렇게 공부하면서 자기가 어느 부분에서 부족한지를 파악하고 그 부분을 찾아 잠깐 공부하고 다시 오는 것. 자기가 모르는 부분을 정확히 찾는 것이 중요하다. 이 부분이 스스로 잘 안된다면 부모님이나 학원의 힘을 빌리는 것도 좋다. 내가 모르는 부분을 정확하게 아는 힘은 메타인지로서 정말 중요한 부분인데 뒤에서 구체적으로 다루도록 하겠다.

둘째는 제대로 된 공부 습관이다.

초등학교 때 학원이나 부모님이 이끄는 대로 공부하며 좋은 성적을 얻는 친구들이 있다. 그러다 중고등학교 때 혼자 공부하는 법을 몰라 성적이 많이 떨어지거나, '수포자'가 되는 경우가 많다.

공부는 평생 하는 것이다. 대학입시 공부뿐만 아니라, 각종 자격증 공부나 시험들, 어른이 되어도 공부는 끝이 없다. 이렇게 평생 해야 하는 공부이기에 공부하는 힘을 길러줘야 한다.

제일 중요한 시기가 초등학교 시기이다. 여기저기 많이 들리는 자기주도학습법도 있지 않은가. 초등학교 때는 끈기 있게 혼자 공부하는 습관을 길러주는 것이 좋다. 유치, 초등 저학년 아이들은 부모님이나 선생님이 옆에서 도와주는 것이 좋다. 하나씩 도와주다가 점점 손을 떼는 방식으로 간섭을 줄여가야 한다. 이때 중요한 것은 아이의 성향에 맞는 자기만의 공부법을 찾아주는 것이다. 아이에게 꼭 맞는 공부법은 부모님의 통찰력으로 찾을 수 있기 때문이다.

셋째는 아이의 속도와 수준에 맞는 학습 진도이다.

여기엔 선행의 이야기가 포함된다. 선행해서 공부하는 이유는 수학적 논리력 향상이나 학생의 지적 호기심을 채우기 위해서이기도 하지만 대학입시에 조금이라도 유리하도록 공부하려는 의도일 것이다. 하지만 아이의 속도와 수준을 고려하지 않는 건 순전히 어른들의 욕심이다. 이렇게 아이의 의견과 생각을 묵살한 선행은 아이도, 공부도 다 잃게 만드는 결과로 끝이 난다.

나는 선행을 찬성한다. 현장에서 아이들을 가르치다 보면 선행이 꼭 필요한 아이들이 있다. 유난히 이해력이 좋고 똑똑한 아이들, 영재수업을 받는 아이들, 수학 성적은 별로 좋지 않아도 수학 과목 자체에 흥미를 갖는 아이들. 이러한 아이들은 초중학교 때 선행학습을 하여, 학습량이 많은 고등학교 때 공부할 시간을 확보해 놓는다. 이것 또한 대학입시 전략의 하나이다. 단, 모든 전제 조건은 아이에게 무리가 없는 선에서 해야 한다는 것이다.

상위권 아이들은 4학년 정도에 선행을 시작하고, 공부하는 습관을 들이면서 꾸준히 선행학습 하는 것이 바람직하다. 하위권 아이들은 자기 학년 내용을 충실히 학습해서 학년이 올라갈 때, 기초가 부족하지 않도록 하는 것이 중요하다. 그리고 실력을 중위권으로 올리는 것을 목표로 하는 것이 좋다.

중위권 아이들은 어느 정도 점수가 나온다. 그러나 학부모들은 조금 더 성실하고, 집중력 있게 공부하여 상위권으로 올라가길 바란다. 중위권 아이들이 상위권 아이들보다 덜 성실하고 덜 집중력 있게 공부해서 점수가 낮게 나오는 것이 아니다. 문제를 틀렸을 때 실수로 틀린 것인지 개념 이해가 부족한지, 아는 개념인데 응용할 줄 몰라서 틀렸는지 원인을 분석하여 그 문제를 고치는 것이 중요하다.

과식이 아니라 딱 필요한 만큼만 적절히 흡수하는 것. 내가 바라는 선행학습의 모습이다.

모든 일에는 원인과 결과가 있다. 수학 성적이 오르지 않는 이유 또한 그러한 결과를 초래한 원인이 반드시 있다. 그 원인을 찾는다면 우리 아이의 수학 성적도 반드시 오를 것이다.

수학 잘하는 아이로 키우기 위한 전략을 세워라

대한민국의 모든 학부모의 마음은 비슷한 것 같다.

우선은 아이가 건강하게 잘 자라길, 건강하게 잘 크고 있다면 그다음으로, 왕따, 학교 폭력이 많음을 염려해 학교에서 친구들과 잘 지내길 바란다. 건강하고 학교생활도 즐겁게 잘한다면 부모들은 공부를 잘했으면 좋겠다고 생각한다. 건강과 행복이 당연히 중요하지만, 다음으로 부모의 가슴에 기쁨으로 와닿는 것은 아이의 학습 실력일 것이다.

나는 6세, 8세 아들 둘을 키우는 엄마다. 15년 넘게 아이들에게 수학을 가르치고 있다. 오랫동안 현장에서 여러 아이를 보며 느끼는 점이 많다.

수업시간에 집중하지 못하는 아이, 평소엔 잘하다가 시험만 보면 점수가 들쑥날쑥하게 나오는 아이, '수학이 싫어병'에 걸린 아이, 공부는 잘하지만 무기력한 아이, 산만한 아이, 반항적인 아이, 열심히 하는데 성적이 오르지 않는 아이 등 많은 아이가 있었다.

이런 아이들을 볼 때면 내가 도와주고 싶다는 마음이 컸다. 그러나 그때는 아이의 속마음을 읽으려 했다기보다는 겉으로 드러나는 부분들로만 아이를 진단하고 평가했던 것 같다. 교육자 마인드로, 열정과 사랑만으로, 이론적으로, 학습적으로 이성적인 판단만을 했었던 것 같다. 잘못이었다. 두 아이의 엄마가 된 나는 지금 많이 달라졌다. 교육자 마인드에, 더불어 엄마 마인드로 아이들을 바라보게 되었다.

"쾅!"

수업시간에 늦은 아이는 문을 세게 닫고 인사도 없이 자리에 앉는다. 씩씩거리며 욕을 한다.

이전엔 아이가 욕하는 모습만 눈에 들어오고 선생님 앞에서 버릇없게 욕하는 모습에 화가 났었다. 아이의 감정보다 오늘 해야 하는 진도가 중요하기에 아이를 자리에 앉히고 수업을 진행했다. 하지만 지금은 욕하는 것을 나쁜 행동이라고 하더라도 아이의 감정을 고려하는 것, 그것을 1순위에 놓는다. 왜 기분이 엉망이 된 것인지 아이의 마음을 헤아리고 이해하려고 한다. 그럼 아이의 화나고 불편한 마음이 사그라들곤 한다. 공부보다 아이의 마음을 읽는 일이 우선인 것이다.

그러면서 내가 느낀 것은 아이들의 그날그날 기분을 좌지우지하는 사람은 친구도 선생님도 아니라는 것이다. 바로 엄마, 주 양육자의 언행에 따라 아이의 그날그날 기분이 천당과 지옥을 오간다. 아이의 기분이 천당이라면 좋지만, 지옥이라면 문제가 생긴다. 물론 학원이나 학교에서 친구나 선생님을 만나면 잠시 웃기도 한다. 하지만 이런 아이들의 얼굴엔 늘 그늘이 있다. 그렇다고 부모가 학대하거나 매일 같이 구박하는 것도 아니다. 하지만 습관적인 부모의 말투나 아이를 대하는 태도에 아이는 주눅이 드는 것이다.

부모님들은 모르는 이런 아이들의 표정을 나는 학원에서 매일 마주했다. 마음이 아팠다.

엄마는 아이에게 일상적으로 끊임없이 말을 하지만, 사실 어떻게 말해야 아이에게 좋은 영향을 끼칠지 생각하면서 말하는 엄마는 거의 없다. 그러면서도 아이가 하루 동안 가장 많이 듣는 말이 '엄마의 말'이다. 엄마가 말 습관만 바꿔도 아이의 능력이 발달하고 마음이 밝게 성장한다. 일상적인 엄마의 말 한마디가 평범한 아이에게서 비범함을 찾아내 빛을 발하게 하고 아이의 내면을 보듬어줄 것이라 믿는다. 엄마의 말이 중요한 이유다.

인천 송도 학원에 있을 때 만난 진영이라는 친구가 떠오른다. 초등학교 4학년에 잘생긴 외모, 반듯한 성격, 공부도 잘하는 아이였다. 지금껏 봐온 수업 태도가 좋았던 아이 중에 몇 안 되는 특출한 아이라서 더 기억에 남는다. 또 하나, 숙제도 잘해오는 아이였다.

상담 전화를 할 때의 일이다.

"어머님, 안녕하세요. 진영이 수학 선생님이에요. 진영이가 참 바르고 이뻐요. 시험 기간이라 요즘 숙제가 많아서 힘들 텐데 집에서 힘들다고는 안 하나요?"

어머님께서 이렇게 말씀하셨다.

"유치원 때부터 습관이 돼서 그런지 가끔 힘들다고 하는데 그래도 자기 할 일은 다 하려고 해요."

진영이의 누나도 같은 학원에 다녔는데 진영이의 업그레이드 버전이라고 해야 할까. 그 누나에 그 동생이었다. 처음엔 '성향인가? 부모님이

집에서 엄하신가? 애들을 쥐잡듯이 잡으시나?' 생각했던 적이 있었다.

하지만 아니었다. 물론 아이들의 성향과 약간의 공부 머리를 무시할수는 없겠지만 그보다 더 중요한 것이 있었다. 바로 습관이었다. 진영이는 습관이 잡힌 아이였다.

三世之習 至于八十(삼세지습 지우팔십)
세 살 버릇이 여든까지 간다.

초등학교 시절은 바른 공부 습관을 만들고 스스로 생각하는 힘을 키워나가야 하는 때이다. 스스로 생각하고 공부하는 습관은 하루아침에 몸에배는 것이 아니다. 지금 당장 눈에 띄게 성적을 향상하게 해주는 것도 아니다. 하지만 때로는 돌아서 가는 것이 가장 빠른 길일 때도 있다. 생각하는 힘과 공부 습관은 평생 아이를 따라다니며 두고두고 그 효과를 발휘한다. 아이의 가장 든든한 자산이 되어 아이가 무엇을 하든 그 저력을드러내보이게 할 것이기 때문이다.

해야 할 일을 확인하고 정해진 양까지 해내려고 노력하면서 자연스럽게 책임감을 배우게 하는 방법이 있다.

숙제나 일기 등 그날그날 해야 할 일을 꾸준히 하게 하는 것은 아이에게 책임감을 기를 좋은 기회를 준다. 또한, 자기 통제력과 절제력도 키울수 있다. '아직은 아이가 마음껏 놀 시기인 것 같아서 놀게 하려고요.'라고 하며 계속 놀기만 하는 아이는 자기 스스로가 불안해한다. 싫더라도 숙제부터 끝내고 놀았을 때 홀가분한 마음을 느낄 수 있다. 그리고 아이는 공부 습관을 통해 "나는 무엇이든 할 수 있다."라는 긍정적인 자아상을 만들 수 있다.

유치 · 초등 저학년 공부방을 하던 때에 학부모님들께 많이 말씀드린 부분이 습관에 관한 이야기였다. 물론 초등고학년, 중학교에 가서도 다시 습관을 잡을 수 있지만 쉽지 않다.

아이들은 성장 시기마다 발달단계를 거친다.

스위스 심리학자 장 피아제(Jean Piaget)가 주로 관심을 기울였던 부분은 아동의 감각, 지각, 사고, 추리, 지능 그리고 문제 해결과 같은 인지능력의 발달이었다. 그에 따르면 인지능력의 발달은 아동과 그를 둘러싼 환경 간 상호 작용에 영향을 받아 단계적으로 성취되며 발달단계의 순서는 불변한다고 하였다. 그리고 순서는 불변하여도 각 단계를 지나가는 속도에는 차이가 있을 수 있다고 보았다.

이러한 발달은 어른으로부터의 학습이나 유전적인 요인에 의해 결정되는 것이 아니라, 환경과의 상호 작용으로 아동 스스로가 구성한다고 보았다.

피아제의 인지 발달단계 중 구체적 조작기(7~11세)의 '구체적'의 의미는 실제 경험, 실제 시행착오와 같이 사실 근거에 의해 인지적 조작을 하는 것을 말한다.

아이들의 개념이 발달하고 논리적 사고가 가능하지만, 눈에 보이고 손으로 만질 수 있는 구체적 사물에 한정하여 가능하다. 다시 말해 추상적, 가상적 개념은 이해하기 어렵다는 것이다. 이 단계에서는 자기 중심성이 사라지고 보존개념을 인지하는 능력이 생기기도 한다. 학습 능력도 발달하는 시기로서 습관을 잡아주기에 좋은 시기인 것이다.

사실 전략이라 하여 대단한 듯 말했지만, 전략은 하나다. 아이의 마음을 잘 알아주는 것. 부모가 아이를 잘 알 때, 아이의 공부 방향도 함께 잘 잡아갈 수 있는 것이다. 사교육 시장에 덩그러니 내버려두는 것이 아니라 '네가 학교에 가도, 학원을 가도 너의 뒤에는 엄마가 있다.'라는 안정감이 아이의 학습 안정감으로 이어질 것이다.

연산 우습게 보면 큰코다친다

6학년에 똘똘한 남자아이가 있었다. 성격도 행동도 느린 아이였다. 천천히 문제를 풀면 모두 다 정답이다. 하지만 30분, 40분 시간을 정해놓고 그 시간 안에 문제를 풀면 반도 못 푸는 경우가 허다했다. 어머님은 그런 아이가 걱정되어 나를 찾아오셨다. 수학을 좋아하고 잘하는 것처럼 보이는데 시험만 보면 받아오는 70점대의 수학 성적 때문이었다.

이 친구를 파악해보기로 했다. 30분 동안 5문제 풀기. 객관식 3문제, 주관식 2문제. 다급해진 아이는 문제를 푸는 20분 동안 너무 힘들어했고 3문제를 겨우 풀었다. 5문제 중 맞은 문제는 2문제였다. 문제를 푸는 동안 옆에서 지켜보았다.

어머님과 상담을 하였다. 어머님께서는 아이가 어려서부터 수학을 잘하고 좋아했다고 말씀하셨다. 4학년 때까지만 해도 수학 관련 책들을 즐겨 읽고, 호기심이 많아서 서술형 수학 문제들도 잘 풀었다고 했다. 수학에 흥미가 있으니 수학에 대해서는 '알아서 잘하겠지.'라고 생각하며 신경을 덜 쓰셨다고 한다. 그런데 문제는 연산이었다. 덧셈, 뺄셈을 배우면 하는 방법만 이해하고 넘어갔다. 곱셈, 나눗셈을 배우면 이것 또한 방법만 이해하고 넘어갔다. 그래도 저학년 때는 문제가 되지 않았다. 시험 문제가 단순 연산을 하는 문제들이 주를 이루었기에 크게 힘들지 않았을 것이다. 그러나 점점 고학년이 되고 배우는 개념(약수, 배수, 분수의 곱셈, 나눗셈, 자연수의 혼합계산, 평면도형, 입체 도형의 둘레, 넓이, 겉넓이, 부피 구하기)이 많아지면서 문제가 된 것이다.

아무리 문제를 이해해도 덧셈 하나만 틀리면 그 문제는 오답이다. 문제점은 연산 속도가 너무 느리고, 정확도 또한 낮다는 것이었다. 어머님께서 말씀하셨다.

"집에서 구몬이나 눈높이 같은 연산을 시켜볼까요?"
"네."

단, 조건이 있었다. 어머님께 진도는 아이와 상의해보고 결정하시되, 하루에 1장을 넘기지 않도록 당부드렸다. 6학년 때 연산을 시작하는 것이라서 문제량이 엄청 많을 것을 예상했기 때문이다. 또 하나, 연산을 할 동안 스톱워치를 옆에 두고 끝나는 시간을 매일 적게끔 했다. 그렇게 3개월, 6개월, 10개월 동안 꾸준히 했다. 6학년 초에 만났던 이 친구는 1년 동안 연산 실력을 쌓았다. 그 시간은 헛되지 않았고 중학교 1학년 첫 수학시험에 100점을 맞았다.

수학에서 연산이 중요하다고 생각하기 때문에 내 수업에서 연산은 필수이다. 수업이 시작되면 각자의 연산 교재를 펼치고 동시에 시작한다. 끝난 아이들은 스톱워치를 보며 시간을 알려주면 스스로 맨 위쪽 공간에 시간을 적는다. 2분, 2분 30초, 3분 등 시간을 적고 답을 불러주면 스스로 채점한다. 틀린 문제는 그 자리에서 바로 다시 푼다. 나와 오래 습관을 함께 맞춰온 친구들은 자연스럽게 스스로 채점을 한다.

하루 한 번 10분씩 매일 반복하는 힘은 일주일에 한 번, 하루 3시간씩 연산문제집을 푼다고 해서 이길 수 없다. 연산은 길고 긴 시간 싸움이다.

대한민국 입시 수학 공부는 연구하듯 놀이하듯 아이들이 여유롭게 공부해 나가는 학문과는 거리가 멀다. 시간 안에 문제를 못 푼다는 것은 심각한 문제다. 이런 아이들을 보면 매우 안타깝다. 수학을 놀이로만 한다면 수학을 계속 좋아하고 파고들 텐데 현실은 그게 아니다 보니 시험에 맞는 수학 공부를 해야만 하기 때문이다. 그래서 나는 이런 아이들을 보면 수학영재, 수재를 만들고 싶지 않다. 오로지 수학에 흥미를 잃지 않고 수학을 통해 꾸준히 공부하는 방법을 익혀서, 그것이 다른 공부를 할때도 도움이 되었으면 하는 것이다.

우리는 멋진 기타 연주를 들으면 감탄을 한다. 또 연주자의 화려한 실력에 감동한다. 연주는 악보를 보면서 기타의 줄을 한 줄 한 줄 튕기는 실력으로는 보여줄 수 없다. 많은 연습을 통해 빠르고 정확하게 줄에 손가락을 맞추고 실력이 하나하나 쌓여야 멋진 연주를 할 수 있게 된다.

수학도 하나의 연주와 같다. 기타 줄을 한 줄 한 줄 튕기다가는 연주는 할 수도 없게 된다.

계산하는 데 시간이 오래 걸리면 다음 단계로 넘어갈 수 없다. 수학 문제는 풀 수도 없게 된다. 연산이 반드시 우선으로 완성되어야 하는 이유인 것이다. 연산은 푸는 방법 정도만 익히는 것으로는 해결할 수 없다. 실수 없이 자유자재로 계산하는 능력이 있어야 한다.

나는 연산의 중요성을 강조한다. 일단 연산을 잘하면 집중력과 지구력이 좋아진다. 어머님들과 상담을 하다 보면 연산공부를 하는 흔한 방법은 크게 두 종류가 있다. 한가지는 학습지를 하거나 다른 한 가지는 시중

문제집을 푸는 것이다. 하지만 연산은 무엇보다 꾸준함이 중요하다. 집에서 부모님께서 꾸준하게 봐주기 힘들다면 학습지를 추천한다. 일주일에 한 번씩 선생님이 오시고 요즘엔 수시로 아이들과 카톡이나 문자로 소통하면서 숙제를 몰아서 하지 못하도록 옆에서 도와주시는 학습지 선생님도 많다.

문제집으로 연산 학습을 할 생각이라면 시중에 나와 있는 연산교재를 한 권 고른다. 나는 개인적으로 예전부터 쭉 써오던 〈기적의 계산법〉을 추천한다. 요즘은 '기적의 문장제' 등 여러 가지가 더 나왔는데 기본이 가장 좋다. 이때 중요한 건 아이의 실력보다 한 단계 낮게 시작하는 것이다. 연산은 가볍게 숨 쉬듯이 부담감 0으로 가랑비에 옷 젖게 하는 것을 목표로 한다. 어려우면 효과가 없다.

집중력이 좋고 꾸준히 할 수만 있다면 하루에 2장, 3장 하는 것도 좋지만 연산에 그렇게 많은 시간을 쏟을 필요는 없다. 하루 1페이지면 충분하다. 그리고 문구점에서 스톱워치를 사서 아이에게 사용법을 알려준다. 날짜를 쓰고 시작한다. 끝나면 끝난 시간을 적는다. 채점도 아이 스스로 할 수 있도록 알려준다. 처음 일주일 정도는 부모님께서 봐주시는 것이 좋다. 그다음 주부터는 일주일에 4번, 3번, 2번으로 줄여나가며 스스로 학습할 수 있도록 해주는 것이다.

또 하나의 팁은 공부를 시작하기 전에 연산 1쪽 푸는 것을 워밍업 삼아하는 것이다. 쉬운 문제들로 자신감 있게 공부를 시작하고 자연스럽게 집중할 수 있는 환경으로 스며들게 해주는 것이다.

연산을 '연산 공부 시작한다. 연산! 연산! 틀리면 안 돼. 정확하게.' 이렇게 할 필요가 없다.
연산은 단순히 습관이다.

연산으로 습관을 함께 잡는다고 생각할 때, 특별한 날을 제외하고는 하루 10분, 같은 시간, 같은 장소라는 기준을 정해두고 항상 곁에 두는 핸드폰으로 연산을 해보는 것도 나쁘지 않은 경험이라 생각한다. 요즘엔 핸드폰으로 연산 학습을 하는 어플도 여러 가지가 나와 있다. 무료 체험도 가능하다고 하니 체험해보는 것도 좋을 듯하다. 어디를 가든 휴대가 가능하기에 종이 문제집과는 다르게 때와 장소를 구애받지 않는다는 장점이 있다.

단, 핸드폰으로 학습을 하면서 다른 유혹들을 이길 수 있는지가 관건이다. 핸드폰으로 학습을 하기 전, 후, 중간중간 다른 버튼을 누르고 싶은 유혹을 아이가 이기기 힘들어한다면 일단은 핸드폰은 잠시 넣어두고 종이 문제집으로 학습할 것을 추천한다.

- 4 -

기본 연산 훈련이 왜 중요한가

초등수학의 70%, 많게는 80%까지 연산과 관련된 단원이다. 초등수학 공부를 하면서 연산은 떼려야 뗄 수 없는 것이다.

우리는 달리기 시합 전에 열심히 훈련을 한다. 순발력을 높이고 스타트 시간을 단축하여 더 빨리 달리기 위해 훈련한다. 연산은 달리기 시합 전 훈련과 같다. 중고등학교 수학을 잘하기 위해 미리 훈련하는 것이다.

달리기를 할 때 '뒤꿈치가 땅에 닿지 않게 하고, 다리는 조금 넓게, 발을 들어올릴 때는 빠르게, 내디딜 때도 빠르게'라는 이론만 알고 있다고 달리기를 잘할 수 없다. 수학도 개념만 알고 있다고 잘할 수 있는 것이 아니다.

달리기의 기본기 훈련이 필요하듯 수학의 기본기, 즉 연산에도 훈련이 필요하다. 연산을 단순 암기처럼 생각하여 '단기간에 끝내버리겠다'라는 생각은 위험하다. 연산의 부족함으로 나타나는 사례들을 나는 많이 봐왔다.

1, 2학년 때 덧셈 뺄셈이 기초가 되어야 3학년 때 세 자릿수의 덧셈 뺄셈을 잘할 수 있다. 또 덧셈의 개념은 곱셈과 나눗셈의 개념으로 확장된다. 실수 없는 연산으로 같은 개념을 반복하여 학습하게 되면 자연스럽게 속도는 빨라진다. 실수도 줄어 정확성도 높일 수 있다. 수학 문제를 푸는 데 속도와 정확성으로 계산을 하면 자신감이 생긴다. 아이는 시간도 여유가 생기고 아이의 뇌도 여유가 생긴다. 그 여유는 오롯이 문제를 해결하는 데 쏟을 수 있는 것이다.

하나 주의할 점은 연산도 개념이라는 것이다. 그렇기에 새로운 연산 유형을 시작할 때 연산의 의미를 이해시키는 과정부터 시작한다. 연산이 어떤 경우에 사용되는지 사례를 몇 가지 들어주고, 아이 스스로 계산하는 시간을 준다. 처음엔 불완전한 방법이라도 스스로 방법을 찾아내는 것이 효과적이다.

연산은 구체물을 다루는 시기부터 다뤄주는 것도 추천한다. 초등 수학을 학습하기 전, 유아 시기부터 연산을 시각화해서 푸는 훈련을 통해 수학적 사고의 틀을 마련해 주는 것도 좋다. 구체물들을 가지고 놀이로 시작하는 것이다.

연산에 대해 많이 받았던 질문 중 한 가지이다.

"암산 연산이 좋은가요? 손가락 연산이 좋은가요?"

정답은 아이가 편하게 사용하는 것을 하도록 두면 된다. 손가락으로 연산하는 14세 아이를 보고 아직도 손가락을 쓰면 어떻게 하냐고 나무라는 부모가 있다. 나도 급할 때면 손가락을 먼저 사용하게 된다.

손가락은 아주 좋은 구체물이다. 아이들 대부분은 7세~11세까지가 구체적 조작기이다. 직접 눈에 보이는 구체물이 있어야 사고를 할 수 있는 단계이다.

아이마다 이해하고 받아들이는 시간이 제각각 다르기 때문에 아이를 인정하고 기다려주는 부모님의 마음이 필요하다. 연산을 잘할 수 있는 방법은 반복되는 루틴밖에 없기 때문이다.

머릿속으로 연산하는 '암산'을 하기 위해서는 수의 순서에 의해 연산을 하면 느리다.

7+4일 경우에 7에서부터 4번 뛰어서 7, 8, 9, 10, 11…. 11이요! 늦다. 연산을 자유자재로 하려면 10개의 손가락 안에서 10의 보수(짝꿍수)를 많이 익혀주어야 한다.

1,9 / 2,8 / 3,7 / 4,6 / 5,5

모든 연산의 기본은 10을 만들어주는 것에서부터 시작하게 된다. 직접 가르기 표시도 해보며 연습한다. 방법은 사실 너무 쉽다. 더하기, 빼기, 곱하기, 나누기. 눈감고도 술술 나올 정도가 되어야 심화 문제들도 어려움 없이 풀 수 있는 것이다.

우리가 학교에서 배우고 있는 수는 자연수와 분수밖에 없다. 소수도 분수로 들어가고 중고등학교를 거치면서 다양한 수가 나오는 것 같지만, 알고 보면 '음의 부호(−)'가 붙을 뿐 결국 연산은 자연수와 분수만이 있을 뿐이다.

수로 보면 4학년까지 4년 동안 자연수를 하고 6학년까지 2년 동안 분수를 공부하게 된다. 중고등학생들을 보면 자연수의 연산을 하지 못하는 아이는 거의 없다. 다만 푸는 속도가 느리고 오답이 나올 뿐이지만 수가 커지지 않기에 자연수 때문에 수학이 어려워지는 것은 아니다.

그렇다면 수학이 어려워지는 이유는 극명하게 드러난다. 분수가 수학을 어렵게 하는 직접적인 원인이다. 또 연산력이 부족한 아이들이 상대적으로 쉬운 문제에 많은 시간을 할애하느라 고득점 문제는 손을 대지도 못하는 경우가 빈번하다.

어른들의 시각에서 봤을 때 연산문제는 계산만 하면 문제가 없는 것이니, 단순해 보이겠지만 아이들에게는 스스로 식을 세우고 계산의 시행착오를 겪는 과정을 통해서 개념과 원리를 익히는 것이기 때문에 결코, 쉽지 않게 느껴지는 과정이다. 문제는 아이들이 이러한 것들을 쉽게 지겨워한다는 것이다.

빠르고 정확한 연산력은 단기간에 완성되거나 길러지는 것이 결코 아니다. 그러한 이유로, 중고등학교 수학을 대비해 매일 일정한 시간 동안 꾸준히 연습해야 한다.

고등학교 수학에는 창의력이 존재하지 않는다. 수를 세거나 계산하는 기능적인 부분인 연산과 문제를 풀기 위해 생각하는 사고력만이 존재한다. 그런데 연산을 푸는 것과 같은 기능적인 부분을 할 때는 생각이 멈춘다. 그렇다고 문제 푸는 방법이나 해결 전략에만 치중하면 우습게 여기던 연산이 안 되어 틀리거나 확장이 안 된다.

힘이 들더라도 연산과 사고력을 동시에 길러가는 것이 중요하다. 절대 연산력을 먼저 빠르게 몇 년 기르고 나중에 사고력을 기르겠다는 생각을 해서는 안 된다.

요즘 초등학생들은 연산이라 하면 구닥다리 문제들이라 생각해, 요즘 새로운 형태처럼 나온 스토리텔링형 수학이나 STEAM형 수학 등 다양한 형태의 문제들을 접한다. 그런데 사실 알고 보면 이러한 수학 문제 유형은 기존에 있던 내용을 아이들이 더욱 쉽고 재미있게 배울 수 있도록 도입했을 뿐, 새롭게 나온 개념이 아니다.

많은 학부모가 사고력, 창의력에 관심을 두고 새로운 형태의 문제 풀이에 집중한 나머지 연산의 중요성을 잠시 잊는 경우가 있다. 그런데 문제 유형이 다양해질수록 쉬운 문제라도 스스로 생각하고 고민하는 기초 연습이 필요하다. 즉 수의 개념과 원리를 이해하며 연산력을 키운 다음, 이를 바탕으로 다양한 문제를 접하며 적응하는 것이 좋은 것이다.

배운 것을 부모나 친구에게 다시 가르쳐보게 하라

"부—욱!"

달력을 찢는 소리. 어릴 적 나는 4월 1일이 되면 3월 달력을 찢었다. 뒷면(하얀 면)이 보이게 내 방 책상 옆 벽면에 대고 네 귀퉁이를 테이프로 붙였다. 그러면 근사한 일회용 칠판이 완성된다. 내 앞에는 눈에 보이지 않는 학생들이나 가끔 여동생이 앉아 있고 나는 선생님이 된다.

나의 꿈은 선생님이 되는 것이 아니었지만, 이때부터 누군가를 가르치는 것이 좋았던 것 같다. 선생님께서 몇 개 주신 분필을 쓰기도 하고 그냥 연필이나 싸인펜으로 나만의 칠판에서 설명을 시작한다.

내성적이고 남 앞에 나서서 말하는 걸 쑥스럽게 여겼던 나는 내 방, 내 공간에서 이렇게 설명하며 공부하는 것이 재미있었다. 정해진 방법은 없다. 마치 정말 선생님이 된 것처럼 내가 제일 잘 알고 있는 것을 최대한 자연스럽게 설명하는 것이다.

정답은 여기 있었다. 누군가에게 설명한다는 것은 언변의 차이는 있을지언정 내가 설명하는 것들을 완벽하게 이해해야만 완벽하게 설명할 수 있는 것이다. 완벽하게 아는 것 같아도 막상 설명하려고 할 때 막힌다는 것은 완벽하게 알지 못한다는 것이다. 그렇기에 내 입 밖으로 소리 내어 설명해야만 진정한 내 것이 되는 것이다.

"선생님, 저 다 알아요~"
"그래? 정말이지? 나와서 설명해보렴~"

내가 수업 중 자주 해왔던 방법이다.

"틀린 문제를 다 고친 사람은 선생님한테 가지고 오기. 친구한테 물어봐도 되고요. 단, 선생님이 틀린 문제 중에서 아무 문제나 한 문제를 선택하면 선생님에게 설명하면 됩니다. 오케이?"

아이들에게 틀린 문제를 고치라고 하면 집에 빨리 가고 싶은 마음에 대충 풀고 옆에 친구 것도 베껴 쓰는 경우가 있다. 그래서 자주 쓰는 나만의 교묘한 방법이다.

처음엔 아이들이 왠지 이득인 것 같아 신이 나서 친구들과 떠들며 답을 적어 내게 온다. 다 고쳤다고 온 친구는 내 앞에서 설명을 시작한다. 아이는 버벅거린다. 자기 스스로도 놀란다.

'대충은 아는 문제였던 것 같은데 이렇게 설명이 안 되나?' 하는 표정이다. 자리로 돌아간 아이들은 서로 틀린 문제를 설명해준다. 다시 앞으로 나와 칠판에서 설명한다. 어색해하면서 뿌듯한 표정이다. 선생님이 된 듯하다. 선생님이 된 아이들은 식을 안 쓰며 풀던 아이도 식을 깔끔하게 쓰고, 정리하며 설명한다.

아이들은 본인들도 그 문제를 설명하고 집에 가야 하기에 친구의 설명을 초집중하여 듣는다. 통과한 아이도 통과하지 못한 친구를 알려주며 결국은 누구 하나 일찍 가지 않고 다 같이 웃으며 집으로 간다. 친구들과 협동하며 즐거워하는 모습이 기특해서 나는 아이들에게 간식을 하나씩 손에 쥐어 준다. 이날은 아이들이 틀린 문제를 완벽하게 알고 가는 날이다.

이렇게 서로 설명하는 수업이 겉으로 봐서는 떠드는 수업 같고 정신

없어 보이지만, 아이들에게는 제일 효과가 큰 수업 방식이다.

이렇게 설명하는 방법은 집에서도 충분히 가능하다. 강성태 '공부의 신' 대표는 아이들의 습관의 중요성을 강조하며 '백지 복습'을 이야기한다. 하교 후 집에 오자마자 그날 수업시간에 배웠던 학습 내용을 백지에 적으며 복습을 하는 방법이다.

초등고학년, 중고등학생들에게 굉장히 효과적이다. 백지에 적어가며 본인이 아는 것은 정확히 적을 것이고, 모르는 것은 아리송하거나 기억조차 나지 않을 것이다. 처음엔 백지를 채우기 힘들겠지만, 백지를 채우려고 수업시간에 더 집중해서 들을 것이고 그럼 백지는 점점 채워질 것이다.

초등 저학년이나, 고학년이지만 학습 습관이 잡혀 있지 않은 아이들에게 처음부터 백지를 내밀고 적어보라고 한다면 기겁을 하고 학습 거부감을 느낄 것이다. 이런 아이들에게는 백지 복습 학습보다 조금 가벼운 방법인 '자신 있는 한 문제 설명하기'가 있다. 학교에서 공부한 내용 중에 처음부터 개념을 설명하기는 어려울 수 있기에 문제 하나 정도를 설명해보도록 하는 것이 좋다.

처음 부모 앞에서 설명하는 아이는 무척이나 자신을 쑥스럽게 여길 것이다. 이때 부모가 해야 할 일은 틀린 부분을 바로잡는 것이 아니다. 그럼에도 불구하고 설명을 시작한 자체에 무한 칭찬을 해주는 것이다. 아이는 칭찬을 먹고 자란다.

그렇게 한 문제 설명하다가 "우리 시윤이, 선생님처럼 설명을 너무 쉽게 잘한다. 다른 문제도 설명해 줄 수 있겠어?"라고 말하며 한발 한발 아이의 습관이 길러지도록 유도하는 것이다.

공부는 흥미를 잃는 순간 모두 잃는 것이다. 특히 저학년 때 흥미를 잃지 않고 학습을 이어갈 수 있는 다양한 방법들을 제시해주는 일은 부모가 해야 할 몫이다. 그렇게 저학년 때 바람직한 습관만 잡아주면, 그다음부터는 아이의 몫이 된다.

나도 이전에는 아이들에게 많은 것을 설명하고 이야기하고 하나하나 일러주는 것이 아이를 위하는 것이라고 생각했다. 하지만 점점 지나면서 아이들에게 더 좋은 학습은 티칭이 아닌 코칭이라는 것을 깨달았다.

기본 개념을 확실하게 익힐 수 있도록 여러 예시 문제들로 개념을 잡아주고 그다음부터는 스스로가 정립된 개념을 가지고 문제를 풀어나가면 된다. 문제를 풀어나가면서 개념과 개념의 연관성이 필요하거나 막힐 때만 선생님이 살짝 건드려주기만 하면 된다.

설명하는 학습, 말하는 학습으로 우리가 알 수 있는 것이 있다. 바로 '메타인지(metacognition)'이다. 한 단계 고차원을 의미하는 '메타(meta)'와 어떤 사실을 안다는 뜻의 '인지(recognition)'의 합성 어이다. 즉, 자신의 인식을 한 단계 높은 차원에서 객관적으로 검 토하는 능력이다.

인지함을 인지하는 것, 또는 알고 있음을 아는 것을 의미한다.

큰 개념의 메타인지는 자신의 인지 여부에 대한 인지뿐 아니라, 타인의 인지 및 의도에 대한 인지 역시 포괄하는 개념이다.

아이들의 학습적인 측면에서만 본다면 자신의 인지능력에 대해 알고 이를 조절할 수 있는 능력, 스스로 무엇을 알고 무엇을 모르 는지를 판단할 수 있는 능력이다.

메타인지 능력은 타고나는 것이 아니라, 훈련을 통해 발전시킬 수 있다는 것이 학자들의 의견이다. 그리고 연구에 따르면 메타인 지는 12~15세 사이에 가장 높은 성장세를 보이며, 20세 이후로는 서서히 능력이 감퇴한다고 한다.

그래서 학습 능력을 향상하고 싶다면 청소년기에 메타인지 능력을 기르는 훈련이 필요하다고 한다.

여기서 잠깐!

우리 아이가 메타인지가 높은 아이인지 그렇지 못한지 판단할 수 있다.

메타인지가 높은 학생들은 완벽주의 성향이 있어 끝까지 이해하려고 노력하고, 오답을 정리하고, 그 속에서 모르는 것을 찾아 해결하려는 학습 태도를 보인다.

메타인지가 낮은 학생들은 '실수로 틀렸어.', '공부한 곳에서 시험 문제가 안 나왔네.'라는 식으로 자신의 부족함을 올바르게 인지하지 못한다고 한다.

100점 맞는 초등수학 메커니즘

"엄마, 나 100점 맞았어!"

엄마들의 어깨와 입꼬리를 올라가게 하는 말이다. 학교 수업을 충실히 듣고 개념을 잘 이해하고 문제집을 스스로 푸는 아이라면 수학 점수 90점 이상은 당연하게 나온다. 그들 중에 머리가 좋은 편이라서 머리만 믿고 힘들이지 않고 수학 점수를 잘 받아왔던 아이는 학년이 올라갈수록 노력이 부족해지기 때문에 힘들어질 것이다. 그리고 보통의 아이들 역시 꾸준히 공부하지 않는다면 어느 순간 성적이 뚝 떨어진다. 이러한 이유로 초등학교 때 성적이 좋은 아이들은 자만하지 않고 겸손하게 꾸준히 공부하는 습관을 들이는 것이 중요하다.

공부를 제법 한다는 아이들의 어머님들과 상담을 하다 보면 평소에 문제집을 풀 때는 100점을 잘 맞는데 시험만 보면 한두 문제씩 꼭 틀린다는 이야기를 종종 듣는 경우가 있다.

'100점 맞는 초등수학 메커니즘'이라는 제목에는 함정이 있다.
메커니즘이란 어떤 일이 돌아가는 원리이다. '100점 맞는 초등수학 메커니즘'은 그 원리가 있기에 누구나 100점을 맞을 수 있다는 것이다.
나는 아이들이 모두 100점을 맞기 위하여 100점의 중요성을 강조하려는 것이 아니다. 100점 맞을 수 있는 아이들이 왜 시험만 보면 100점을 맞지 못하는지 그 아이를 들여다보고 원인을 파악하여 도와주고 싶은 이유로 100점이라는 단어에 주목해보려 한다.

나는 학원에서 많은 아이들을 만난다. 그중에 학원에서 시험을 보거나 집에서 문제집을 풀 때는 100점을 맞는 아이들이 유독 학교 시험을 볼 때면 한두 문제씩 꼭 틀리는 경우를 자주 볼 수 있다. 이런 경우에 해당하는 아이 유형은 크게 두 가지가 있다.

하나, 덤벙거리는 아이.

"실수로 틀렸어."

실수도 실력이다. 이런 아이들은 문제를 끝까지 읽지 않고 보고 싶은 단어, 숫자만 보고 문제를 푸는 경우가 많다. 혹은 연산에서 실수하거나 답을 옮겨 쓸 때 틀리는 아이들도 있다. 더러 자기가 쓴 글씨를 못 알아봐서 엉뚱한 숫자로 계산하는 아이들도 있다.

문제는 이해했지만, 대충 푸는 아이들은 핵심 단어를 중심적으로 보되 항상 문제를 처음부터 끝까지 읽는 연습을 하는 것이 좋다. 부모는 여기서 문제의 뜻을 정확히 파악하는지 대충 파악하고 문제를 푸는지도 꼼꼼히 보는 것이 중요하다. 문제 해결 능력과 연결되는 부분이다.

만약 문제를 읽고 문제에서 물어보는 것을 정확히 파악하는 것이 아이에게 어렵다면, 아이의 문해력 부분도 확인해볼 필요가 있다. 요즘 아이들에게 큰 문제가 되는 영역이 있다. 바로, 문해력이다. 문해력이란 글을 읽고 의미를 이해하는 능력이다. 요즘, 미디어의 발달로 글자가 아닌 영상을 접하는 횟수가 잦아지면서 자연스럽게 일어나는 현상이다. 문해력은 단기간에 좋아질 수는 없다. 저학년이나 고학년이라도 문제를 이해하는 것이 어렵다면 다음 방법을 추천한다.

소리 내어 읽기이다. 책이든 문제든 소리 내어 읽는다. 그러면 '소릿값'과 '어휘'로 인해 뇌가 활성화되어 오랫동안 기억에 남는다고 한다. 꾸준히 책을 읽는 것이 방법이다. 책을 읽을 때도 방법이 있다. 5학년 아이가 문해력이 부족한데 5학년 책을 여러 권 읽는 것을 시작으로 문해력은 좋아지지 않는다. 5학년이라도 아이 수준을 정확하게 파악하고 맞는 책을 찾아 아이의 문해력 수준을 고려하여 천천히 책 읽기를 시작해야 한다.

올해 초 EBS에서 방영된 〈당신의 문해력〉이라는 프로그램을 통해 느낀 바가 많다. 고등학교 학생들이 '위화감', '양분', '서리' 등의 뜻을 이해하지 못한다. 변호사는 알지만 '변호'의 뜻을 모르고 'baby sitter'는 알지만 '보모'의 뜻을 모른다. 영어 시간에 국어 단어 뜻을 설명하느라 진도는 뒷전이다. 현 고등학교 교실의 현실이라는 모습에 충격적이었다.

문해력이 단순히 학교 공부를 잘하기 위해서 필요한 것만은 아니다. 사회에 나와서 일을 할 때, 자격시험을 볼 때, 일상생활의 여러 문제를 해결하기 위해 꼭 필요한 능력이다. 때문에 어른이라도 문해력이 부족하다고 느껴진다면 다시 한번 생각해볼 필요성이 있다. 시간이 된다면 한 번쯤 보기를 권한다.

연산 실수로 100점을 놓치는 아이들은 단순 실수인지 반복적인 습관인지를 봐야 한다. 단순 실수라면 꾸준히 연산을 푸는 방법으로 좋아질 수 있다. 반복적인 습관성으로 연산을 틀리는 경우는 어느 부분이 부족한지를 정확하게 파악하고 그 영역에 관련된 연산 교재를 집중적으로 연습하는 시간이 필요하다.

그리고 문제집을 풀더라도 오답 노트를 작성하는 식으로 내가 틀린 문제들을 확인하고 인지해 가면서 푸는 것이 좋다. 내가 문제를 풀고 어떤 부분이 부족한지 예전처럼 스스로 오답 노트를 찾아가며 할 필요가 없다. 요즘은 AI와 연계가 된 프로그램들이 많이 있다. 컴퓨터가 알아서 해 주는 세상이다. 나는 문제를 풀면서 피드백들을 잘 살펴보면 된다.

또한 내가 정확하게 모르는 문제를 틀렸는지, 아는 문제를 틀린 것인지 확인하는 것도 중요하다.

둘, 시험이 두려운 아이.

초중고를 막론하고 상위권의 아이 중 이런 아이들이 의외로 많다. 하위권, 중위권 아이들은 한두 문제가 그렇게 중요하지 않지만 상위권 아이들에게는 고등학교, 대학입시로 직결되는 내신이 중요하다는 걸 너무 잘 알기 때문에 더 긴장한다.

사실 이 문제는 단순하게 접근하기는 어렵다. 성인이 되면서 서서히 좋아지는 학생도 있지만, 점점 더 심해지는 학생도 있기 때문이다. 흔히 '시험 불안증'이라고도 말한다. 시험이 주는 압박감으로 인해 시험을 볼 때마다 불안이 엄습하여 시험을 제대로 보지 못하는 것을 뜻한다. 불안이 극도로 높아지면 신체적으로 가장 약한 부위부터 원인 모를 두통이나 소화불량, 복통, 불면증의 증상들이 있다. 이러한 불안들이 더욱 심해지는데 그냥 방치를 하면 대인기피증이나 우울증과 같은 정신과 질환의 원인이 될 수 있어서 적극적으로 대면할 필요가 있다.

나도 고등학교 시절을 떠올리면 고3 때 배가 자주 아팠다. 큰 원인은 없었지만 체한 것 같은 답답함이 있었다. 그래서 야간 자율 학습 시간 때 부모님이 자주 데리러 오셨던 기억이 있다. 지금 생각을 해보면 나도 '시험 불안증' 증세가 있었던 것 같다. 이때 엄마의 대처가 나는 참 고마웠다. 심리적인 원인으로 배가 자주 아팠다는 것을 엄마도 아셨을 것이다. 평상시에도 공부하라고 잔소리를 하시는 편도 아니셨지만 내가 배가 아프다고 하면 "공부 더해야지, 맨날 배가 아프냐!" 등의 이야기 한 번 하지 않으셨다. 꾀병처럼 보일지언정 먹을 것을 챙겨주시고 침대로 가서 누워 쉬라며 공부보다는 우선순위에 나를 두셨다. 우스갯소리로 지금도 가끔 내 여동생이 "언니는 공부하라고만 하면 배가 아팠어."라고 종종 이야기한다.

시험은 내일인데 아이가 배가 아파 공부를 하지 못하고 있다면 부모의 마음은 초조할 것이다. 그런데 아이의 마음은 더 초조하다. 정말 중요한 시험의 하루 전날, 배운 것들을 정리하는 시험공부가 물론 중요하긴 하다. 하지만 잘하는 아이는 평상시에 꾸준히 잘해왔기 때문에 그날 하루 조금 쉬어간다고 크게 달라지지 않는다.

불안한 아이들에게는 오히려 심리적으로 끌어안아주고 보듬어주고 믿어주는 것이 제일 필요하다. 증상이 심하지 않다면 부모의 믿음으로 충분히 좋아질 수 있다. 하지만 시험 때마다 불안증세가 심해지고 신체적으로 자주 아프다면 병원을 찾을 것을 권한다.

또 하나 일명 '공부 잘하는 약'으로 ADHD(주의력 결핍 과다 행동 장애)에 처방하는 약이다. ADHD 같은 경우 그대로 방치를 하게 되면 성인 ADHD로 나타나기 때문에 치료가 꼭 필요하다. 그래서 '메틸페니데이트' 등의 약물이 사용된다. 이 약을 먹으면 아이는 산만함이 줄어들고 집중을 잘하게 된다. 그런데 아이가 이 약을 먹고 집중을 잘한다고 하여 ADHD가 아닌 일반 아이에게 먹이는 경우가 있다. ADHD로 인한 집중력 장애는 신경전달 물질의 부족이 원인이기 때문에 약물이 필요한 것이고 일반인의 집중력 감소는 체력 저하나 피로 등의 원인이기 때문에 약물에 의존해서는 절대 안 된다.

모든 아이는 인생이라는 마라톤 달리기를 한다. 아이마다 결승점도 코스도 다 각각 다르다. 저마다의 속도를 내며 달리다가 잠시 그늘에서 쉬어갈 때도 있다. 나는 아니라고 하지만 우리 아이가 똑똑한 모습을 보이면 부모는 욕심이 나기 마련이다. 그래서 그 경기장에 들어와 아이의 손을 잡아끌고 달리려 한다.

그때 잠시 멈춰 생각해봐야 한다. 우리 부모의 역할은 아이들 곁에서, 한 발짝 뒤에 달리며 박수를 쳐주고, 물을 건네주고, 힘들 땐 잠시 쉴 수 있도록 해주면 된다. 부모는 그 역할이면 된다.

7

4학년 수학 성적이 정말로 평생을 좌우할까?

덧셈과 뺄셈, 곱셈, 나눗셈, 분수, 소수, 평면도형, 평면도형의 이동, 원, 길이와 시간, 들이와 무게— 3학년 수학에 등장하는 주요 개념들이다. 2학년 수학과 연관성이 있고 4학년 수학의 기본 개념들로 비교적 쉬운 교과 과정이라 아이들은 생소하다고 하면서도 그럭저럭 이해하면서 3학년 수학을 헤쳐나간다. 그러다가 4학년을 맞이한다.

곱셈과 나눗셈, 분수, 소수, 분수의 덧셈과 뺄셈, 소수의 덧셈과 뺄셈, 혼합계산(혼합계산에서는 아이들이 정말 멘붕이 와서 울기도 한다.), 각도, 삼각형, 사각형과 다각형, 평면도형의 둘레와 넓이, 수직과 평형, 수의 범위와 어림, 규칙 찾기와 문제 해결- 4학년 수학 개념들이다.

내가 현장에서 느끼는 바로는 많은 아이가 4학년부터 복잡한 계산에 힘들어하다가 수학의 꽃, 5학년 1단원 약수와 배수, 약분과 통분을 배우면서 수포자가 되는 경우가 많다.

3학년도 4학년도 아직 어린 아이들이다. 물론 어른스럽고 똑똑한 아이들도 있지만, 이 아이들 역시 만 10세를 갓 지난 아이들이다. 아직은 아이들 각각 학습 속도가 많이 차이가 난다. 이때 아이에게 맞지 않는 무리한 학습 속도로 아이를 다그치면 아이는 수학을 어려워할 것이고 싫어할 것이고 수포자가 될 것이다.

수포자가 되지 않게 하는 방법이 있다. 아이가 수학을 어려워하고 싫어한다면 모든 단원을 전부 완벽하게 이해하며 깊게 공부할 필요는 없다. 잘하는 아이는 잘하는 대로 그 아이에 맞게 공부하고, 조금 천천히 가는 아이는 그 아이의 속도에 맞춰서 가면 되는 것이다. 단, 수학이라는 학문의 특성상 나선형 교육인 수학은 해당 단원을 이해 없이 가면 다음 연계 단원을 배울 때 어려움이 있다. 그래서 최소한의 이해와 최소한의 예제문제라도 풀고 넘어가는 것을 추천한다.

5학년 약수와 배수, 약분과 통분은 중학교 1학년 최소공배수와 최대공

약수를 배울 때 중요한 기반이 된다. 약수와 배수, 약분과 통분 또한 4학년 때 배우는 나눗셈을 정확히 알고 분수의 개념을 정확히 이해해야 한다. 모두 연관성이 있는 것이다. 이때 곱셈, 나눗셈이 너무 어려운 아이를 하나부터 열까지 너무 꼼꼼하게 할 것이 아니라 하나부터 오까지만 해도 충분하다. 나머지 오는 나중에 채워도 된다. 지금은 너무 질리지 않게 가는 것이 중요하다.

결혼하고 이천에 내려와 한 학원에서 중학생 아이들을 가르칠 때의 일이다. 중학교 2학년 겨울방학 때, 여학생 3명이 새로 들어왔다. 간단한 테스트를 해보니 중학교 1학년 정도의 실력이었다. 1, 2학년 때는 공부를 안 했지만, 지금은 공부를 하고 싶다고 하였다. 그런데 어디서부터 어떻게 해야 할지 모르겠다고 막막해했다. 사실 나도 막막했다. 하지만 나는 어른이고 선생님이기에 아이들을 포기할 수 없었다. 플랜을 짰다. 3명 중 2명은 인문계고등학교에 진학하고 싶어 했다. 중학교 3학년 내신이 50% 반영이 되기 때문에 3학년 1학기, 2학기 중간고사, 기말고사를 전략적으로 잘 보면 가능할 것 같았다. 수학은 항상 70점을 목표로 버릴 부분들은 과감히 버리고 기출문제들을 위주로 기본문제들을 반복적으로 연습했다.

두 친구는 원하는 고등학교에 갔고 그 뒤에도 자주 찾아와서 나와 수다 떨며 이야기를 나눴다. 그때 이 친구들이 했던 이야기가 있었다.

"수학을 포기했었는데, 쉬운 문제들을 반복적으로 풀다 보니 문제가 풀리고 재미있어지고 나도 잘할 수 있을 것 같은 생각이 들었어요. 선생님, 감사해요."

내가 이 친구들에게 원했던 것이었다. 누군가는 당장 수학을 90점, 100점 맞게 할 수도 있고, 나의 방법이 틀렸다고 할 수도 있다. 내가 원했던 건 지금까지 이 친구들이 수학을 얼마나 두려워하고 싫어하고 미워하고 피하고 싶어 했는지 그 마음을 헤아려주고 싶었다.

그러한 마음들을 조금이라도 떨쳐버리고 자신감을 가지고 수학을 다시 바라봐주기를 바랐던 것이다. 자신감이 생기면 그다음은 이긴 게임이다.

내가 지금 말한 것은 하위권 아이들이 중위권으로 도약하는 방법에 관하여 이야기하였다. 부모, 선생님이 기대치를 조금 낮추면 수포자는 줄어든다.

그리고 중요한 또 하나. 4학년은 저학년의 옷을 벗고 고학년이 되는 시기이다. 저학년은 부모님의 성적이라는 말도 있다. 아이를 세심하게 봐주되 아이가 주도적으로 학습을 할 수 있도록 지켜봐야 할 시기이기도 하다. 이때의 수학 학습 습관이 잘못 잡히면 고치기 어렵다.

저학년 동안 부모님과 함께 공부했던 아이들이 4학년이 되면서 갑자기 학원을 오는 경우가 많이 있다. 부모님께서 봐주기가 어려워진 것이다.

학습적인 부분도 있겠지만 아이가 점점 반항적이라는 말씀을 많이 하신다. 이때 학원에만 전적으로 맡기면 절대 안 된다. '이제 좀 컸으니 학원 수업도 잘 이해하고 숙제도 잘하겠지, 모르는 것도 잘 물어보겠지.' 하며 학원을 너무 믿는 것은 아이를 수포자로 만드는 것이다.

부모님과 공부하던 아이들이 학원에 가면 환경을 낯설어한다. 엄마와 공부할 때는 엄마가 아이의 속도에 맞춰서 해주었지만, 학원은 그렇지 않다. 여러 친구의 속도에 맞추어 진행되기 때문에 나 스스로 잘 파악해야 한다. 하지만 대부분의 아이들은 스스로 자신을 판단하기 어렵다. 엄마가 물어본다.

"학원에 다니는 건 어때? 재미있어? 선생님 말씀 이해는 가?"

아이는 학원이라는 곳을 처음 다녀보기 때문에 비교 대상이 없다. 당연히 '이런 곳이구나.' 생각하고 공부가 핵심이 아니라 단순히 친구들과 다니는 게 재미있고, 수업 전에 친구들과 와자지껄 모여 잠깐 핸드폰 하는 것이 좋아서 "네, 재미있어요."라고 대답한다.

　이때 부모님들은 아이들의 말에 속지 말고 아이들을 유심히 살펴보며 질문하고 관찰해야 한다. 학원에서 숙제가 있을 때는 함께 해결하는 것도 좋다. 학습지를 하거나 과외를 할 때도 마찬가지이다. 선생님과 자주 소통하며 아이의 현재 상황을 자주 물어보자.

　일단은 사교육의 도움을 받으며, 성적 따위에 일희일비하지 않고 아이들을 기다려준다면 아이들은 반드시 수학을 재미있어 할 것이다.

　일차적으로는 수학을 너무 어렵지 않게 공부하는 것이 중요하고, 이차적으로는 어렵게 느껴졌다면 버릴 것들을 과감하게 버리고 그 난이도를 조절하는 것이 중요하다.

　언제 시작하는지는 중요하지 않다. 4학년이면 어떻고, 중2면 어떤가. 아이가 스스로 필요성을 느끼고 시작하는 순간이 중요한 것이다. 그때 어른들은 안내자의 역할만 하면 된다.

8

초등 수학을 제대로 배워야 하는 이유

생각이 바뀌면 행동이 바뀌고, 행동이 바뀌면 습관이 바뀌고, 습관이 바뀌면 성격이 바뀌고, 성격이 바뀌면 운명이 바뀐다.

– 윌리엄 제임스

아이들과 수업을 하면서 기초가 부족한 아이와 기초가 잘 다져진 아이의 차이점이 큰 것을 많이 느끼게 된다. 대부분의 아이는 저학년 때 공부를 잘하던 아이였다. 받아쓰기 100점, 단원평가 100점, 독후감, 글짓기 등 척척 잘하던 아이. 그런데 이렇게 잘하던 아이가 3학년, 4학년 되면서 점점 산만해지고 성적이 떨어지고 숙제도 잘 안 해오는 경우들을 종종 볼 수 있었다. 그러다 고학년으로 넘어가면서 공부에 흥미를 잃고 공부를 싫어하게 되는 것이다.

왜 그럴까?

이 아이들은 저학년 동안 자기주도 공부가 아닌 엄마주도 공부를 하고 있었기 때문이다. 엄마가 알림장을 봐주며, 숙제를 체크하고, 학원 스케줄을 조율한다. 아이는 그냥 엄마의 주도대로 움직였다.

그러면 부모가 공부를 안 봐주는 게 옳다는 말인가? 아니다. 저학년 때에는 아이의 공부를 봐주는 것이 맞다. 하지만 부모들이 정말 중요한 것을 놓치고 있다.

우리 아이들을 언제까지나 우리가 돌봐줄 수 없다. 흔히 많이 이야기하듯 물고기 잡는 법을 알려주어야지 물고기만 잡아주어서는 안 된다. 그래서 이 이야기를 듣고 여러 부모님께서 저학년까지는 하나하나 꼼꼼히 봐주다가 3, 4학년이 되면, 갑작스런 홀로서기를 시킨다. 학원도 혼자 잘 다니니 공부도 스스로 잘할 것으로 생각하고 공부를 오롯이 아이의 몫으로 돌린다.

갑작스런 홀로서기에 아이는 멘붕이 온다. 버벅거리거나 못하면 '다 컸는데 가방 하나 제대로 못 챙기니? 언제까지 챙겨줘야 하니? 숙제 하나 제대로 못하니?' 하며 잔소리가 쏟아진다.

정말 아이의 잘못일까?

아이에게는 연습이란 게 필요하고 시간이 필요하다. 저학년은 엄마가 다 해주는 시기가 아니라 홀로서기를 준비하는 시기이다.

받아쓰기 100점, 단원평가 100점이 중요한 것이 아니다. 학교 끝나고 집에 와서 스스로 연습장을 펴고 받아쓰기 10개 중에 5개라도 쓰는 연습을 하고, 매일 무엇인가를 쓰다 보면, 연필도 바르게 잡고, 앉아 있는 연습도 될 것이다. 첫 술에 배부를 수는 없다. 그때 부모가 어느 정도만 터치해주면 되는 것이다.

1, 2학년 때는 "시윤아, 오늘 할 일은 다 했어?"라는 접근보다 "내일은 받아쓰기 보는 날이니까 받아쓰기 1번부터 10번까지 1번 읽고 1번씩 써보자."라고 매일 그날 해야 할 일을 알려주는 것이 좋다. 나는 부모와 함께 만든 생활계획표를 추천한다.

저학년일 때는 디테일이 필요하다. 아이가 언제, 어느 장소에서, 어떻게 공부할 때 더 즐거운지, 어떤 놀이를 좋아하는지 감정도 디테일하게 살피는 것이 필요하다.

부모가 아이와 함께 지낸 기억과 추억들은 아이 자신의 감정을 잘 읽고, 자신이 좋아하는 것을 찾는 데 큰 도움이 될 것이다.

오늘 하루의 스케줄도 말해주는 것이 좋다.

"오늘은 수업 끝나고 1시 35분에 나오면 돼. 나와서 영어학원 차를 타고 영어학원 다녀와."

그날그날의 일정을 잘 소화하게 되면, 일주일 스케줄을 말해준다.

"월, 수, 목, 금은 영어 갔다가 태권도 가고, 화요일은 태권도로 가면 돼. 오늘 무슨 요일이야?"
"화요일?"
"그럼 오늘은 어떻게 해야 해?"
"학교 끝나고 태권도 가면 되지."

초등학교 1학년, 나의 첫째 아들의 스케줄이다. 하루의 일정을 설명해주고 시간을 이야기해주며 자연스럽게 시계 보는 법도 익힌다.

"3일 뒤에 서진이랑 놀러 갈 거야."
"3일 뒤면 목, 금, 토, 토요일에?"
"응, 맞아."

요일의 개념들도 알아간다. 2학년 2학기 수학 〈4단원 시간과 시각_ 시계, 달력 보기〉에서 아이들은 시계 보는 법과 달력 보는 법들을 배운다. 미리미리 일상생활 속에서 익혀가는 것이다.

습관(習慣 익힐 습, 익숙할 관) : '습'자는 어린 새가 날갯짓을 익힌다는 뜻에서 나온 한자어이고, '관'자는 마음에 꿰여 익숙해진다는 뜻이다.

즉 '어린 새가 날갯짓을 연습하듯 매일 반복하여 마음에 꿰인 듯 익숙해진 것'을 우리는 습관이라고 한다.

습관의 힘이 위대하다는 것은 누구나 안다. 아이는 이렇게 하나하나 습관을 쌓아가는 것이다.

초등학교 때 아무리 까불며 놀아도 수학의 기본적인 개념들을 공부한 아이들은 공부의 공백이 있더라도 어렵지 않게 그 공백을 채운다. 하지만 초등학교 때 기초를 전혀 다지지 못한 아이들은 중학교나 고등학교 때 힘겨워하는 모습을 자주 보게 된다. 이런 아이들은 초등학교 수학에서 핵심단원들을 뽑아 연계 학습 방식을 활용해 지난 학습들을 빠르게 복습해야 한다. 여기서 이런 학습적인 양의 차이보다 더 중요한 것이 있다.

그것은 초등학교 때 학습하면서 만들 수 있는 학습 습관들이다.
어떤 이들은 이렇게 이야기한다.

코로나19 시대, 4차 산업혁명 시대에 발맞추어 수학을 배우는 방식도 달라져야 한다고.

틀린 말은 아니지만, 방법의 차이가 있다.

우리가 산의 정상을 갈 때 정상은 하나이고 가는 길이 여러 가지인 것처럼 수학을 공부할 때 그 맥락은 하나인 것이다. 아무리 시대가 바뀌고, 앞서가고, AI가 수학을 풀어주는 시대가 와도 우리가 수학을 통해 배우는 것은 불변, 변하지 않는 것이다.

더구나 뇌 발달이 활발하게 일어나는 만 6세~만 12세 시기에는 학습의 양보다 중요한 것이 학습의 질, 학습 습관이다.

나는 아이들에게 습관을 많이 강조하는 편이다. 습관은 어른들에게도 중요하지만, 어른들이 습관을 바꾸기란 여간 어려운 것이 아니다. 하지만 아이들은 어른들과 달리 습관을 바꾸기가 아직은 자유롭다.

공부는 '재능이 아니라 지속이다.'라는 말도 있다. 공부 습관을 잘 만들어 놓으면 나중엔 내가 공부를 하는 것이 아니라 습관이 공부하게 한다. 그중 한 가지 습관으로, 나는 연산을 꾸준히 하는 것을 추천한다. 습관도 만들면서 우리나라 수학 교육에서 벗어나지 않으면서 딱 좋다. 연산을 반복적으로 푸는 것은 구시대적 발상이다, 아이를 지치게 한다, 요즘은 사고력 수학을 많이 이야기한다. 사고력 수학이 도대체 무엇이길래 다들 사고력, 사고력 할까.

들여다보면 수학 자체가 사고력이다. 사고력 수학에 대해서는 4장에서 더 자세히 다루도록 하겠다.

초등학교 수학 공부는 단순히 수학 지식만을 쌓는 공부가 아니다.

초등학교 시기에 수학을 공부하며 좋은 습관을 쌓고, 아이에게 맞는 공부 방법을 찾는 과정인 것이다.

2장

수학이 쉬울 수
밖에 없는 이유

방학을 이용해 따라잡기 및 예습하는 법

아이들에게 방학은 중요한 시기이다. 중요한 시기가 틀림없다는 것은 과목을 불문하고 여러 학원에서 특강들이 쏟아져나온다는 사실을 보면 알 수 있다. 논술특강, 독서프로그램특강, 파닉스특강, 코딩완성특강, 수학문장제특강, 한국사특강, 심지어 줄넘기 특강까지. 4주, 8주 완성을 내세우며 특강을 진행한다.

이 중요한 시기를 어떻게 보내느냐에 따라 알차게 보낼 수도 그냥 흘려보낼 수도 있다. 여름방학 한 달, 겨울방학 두 달 총 3개월 동안 부모는 아이들에게 어떠한 선물을 줄 수 있을까?

중학교, 고등학교 방학과는 다르게 초등학생들의 방학은 조금 더 여유롭다. 중고등학생들의 방학은 다른 것을 할 여력이 없다. 무조건 공부다. 하지만 초등학생은 다르다. 일단 기간적으로도 6년이라는 두 배의 시간과 중고등학생들보다는 부모와의 교감을 많이 할 수 있는 시기이기 때문에 나는 이 초등학교 6년 동안의 방학 생활이 정말 중요하다고 생각한다.

방학을 효과적으로 활용하는 방법은 우선 아이의 성향이나 성적에 따라 어떤 스타일로 공부를 할지 정하는 것이다.

예를 들어 산만한 아이라면 산만한 행동들을 억제할 것이 아니라 학기 중에 못했을 다른 활동들을 방학 동안 실컷 하게 해주는 것이다. 수영을 배운다거나 겨울엔 스키나 보드를 배우는 것도 좋다. 단기간으로 보면 아이가 더 산만한 것처럼 보이겠지만 장기적으로 봤을 때 아이의 에너지는 꾸준히 밖으로 발산되기 때문에 아이는 점점 차분해진다.

세부적인 체험 활동 부분은 온라인 속에 많은 정보가 쏟아지므로 나는 이 정도까지만 이야기하겠다.

수학으로 넘어가보자.

일반적으로 보면 방학 중에는 지난 학기에 부족한 부분을 보충하거나 다음 학기에 배울 것을 예습하는 경우가 많다. 즉 선행과 보강을 위주로 진행한다. 물론 무한 선행하는 학원도 있지만, 보통의 일반적인 보습학원을 이야기한다. 중위권의 아이들은 지난 학기 학습도 어느 정도 이해가 되었기 때문에 한 학기 선행이 크게 무리 없이 가능할 것이다. 상위권 아이들은 학원에 다니더라도 학원에서 하는 문제집 이외에 한 권 정도 따로 구매해서 풀어주는 것이 좋다.

하위권 아이들에게는 방학이 절호의 기회이다. 방학 한두 달의 노력으로 수학을 해볼 만한 공부로 바꿀 수 있기 때문이다.

사실 중위권에서도 중하위권에 있는 아이들도 실상은 하위권에 속한다. 지난 학기에 배운 내용에 대해서 80% 정도 이해하지 못했다면 다음 학기 진도를 선행하는 데 무리가 있다.

문제집의 끝쪽에 나와 있는 각 단원 평가나 학기말 평가를 풀어본다. 성적이 90점을 넘지 않는다면 지난 학기의 복습과 선행을 병행해서 공부하는 것이 좋다. 하지만 수학 학원들은 보통의 아이들을 중심으로 하기에 복습하는 경우가 드물다. 그리고 많은 부모님과 학생들조차 이미 배운 것을 다시 복습하는 것은 시간 낭비라고 생각하는 경우가 많다. 또 학년이 올라가면 저절로 될 것이라고 생각하기도 한다.

수학에 저절로라는 것은 없다.

현재 진도를 완벽하게 알지 못하면 다음 진도에서는 버벅거리게 되고 그다음 진도는 포기하게 되는 것이 수학이고 그래서 수포자가 나오는 것이다.

복습이라고 해서 거창하게 생각할 것은 없다. 지난 학기 문제집을 하나 사서 방학 동안 하루에 한 장 반씩 풀면 된다. 내가 수년간 아이들에게 숙제를 내줘본 결과 한 장은 너무 적다. 두 장은 아이들이 부담스러워 안 해오는 경우가 많고, 매일매일 하기 어려워한다. 한 장 반이 장기간 숙제 성공률이 제일 높았다.

문제집은 굳이 문제량이 많은 것을 고를 필요가 없다. 확실하게 개념을 한번 짚어주고 다음 단계로 넘어가는 것이기 때문에 문제량이 적당한 문제집을 추천한다. 문제 푸는 것을 싫어하는 아이는 교과서 수학 익힘책을 추천한다. 네이버 검색창에 수학 교과서라고 치면 바로 구매가 가능하다.

수학 익힘책은 꼭 필요한 예제들과 쉬운 문제들로 구성되어 있어서 아주 좋다.

나는 방학때 무조건적으로 모든 아이의 선행학습을 진행하지 않았다. 부모님과의 상담을 통하여 부족한 아이들은 방학이 기회이기 때문에 한 학기 선행보다 부족한 부분을 복습하는 시간을 갖겠다고 말씀드리면 부모님들은 대부분 좋아한다.

일괄적으로 진도를 나가면 나도 편하다. 따로 수업 준비를 하지 않아도 되고, 수업 자료도 준비하지 않아도 된다. 또 수업 후 아이를 따로 봐주지 않아도 되기 때문이다. 하지만 그 수업시간 동안 수업 내용을 이해하지 못하고 어려워해서 아까운 시간을 낭비할 아이를 생각하면 '내가 조금 더 움직이면 되지.'라는 생각을 했다. 지금도 그 생각은 변함이 없다.

선행학습은 다른 아이들과 똑같이 듣는다. 대신에 문제를 응용문제까지 다 풀지 않고 기본 문제들만 푼다. 숙제도 기본문제들만 숙제로 해온다. 대신 지난 학기 단원 중에 아이에게 필요한 내용을 간단한 개념 설명과 함께 몇 문제 풀고 반은 숙제로 내준다. 이렇게만 해도 아이는 방학 동안 몰라보게 성장한다. 그래서 나는 방학 동안 아이마다 이런 방법으로 수업을 자주 진행해왔다. 이러한 방식으로 방학을 보내는 습관도 잡아갔다.

이러한 방법은 집에서도 가능하다. 예를 들면 우리집은 방학 동안에 휴가를 자주 다니고 집에 사람들이 놀러 오는 경우가 많다. 이럴 땐 어떻게 해야 할까? 아이의 습관을 잡기로 했으니깐 문제집을 싸 들고 다니며 하기 싫어하는 아이를 데리고 억지로 하는 게 맞는 것일까?

습관보다 중요한 것은 우리 아이들이다. 아이들과 건강한 교감이 오고 가야 건강한 습관도 만들 수 있다. 나도 누가 오면 공부하기 싫고 어디 가면 더 하기 싫은 건 어른이 된 지금도 똑같다. 이런 측면에서 아이들이 백번 이해된다. 이럴 땐 집에 있는 시간만이라도 아이와 규칙적으로 보내면 된다. 반복되는 안 좋은 감정의 횟수보다 기분 좋은 한 번의 감정이 아이를 더 움직이게 할 수 있다.

마지막으로 다른 학년의 방학보다 유독 신경 써야 하는 방학들이 있다. 6학년, 중3, 고3이다. 중3 고3의 중요성은 말을 하지 않아도 충분히 알 거라고 생각한다.

이중에서 나는 6학년 방학의 중요성을 강조한다.

나는 6학년부터는 중학교 수학 선행의 기회가 되면 해보라고 이야기를 해준다. 겨울방학 동안 만의 선행으로는 조급해질 수 있기에 여름방학, 겨울방학 둘로 나누어서 여름방학 때 1/3 정도 맛보기로 중학교 수학을 해보고 겨울방학 때 나머지 2/3부분을 선행하는 것이 좋다.

중학교 1학년이 되어 아이들이 가장 버벅거리는 단원이 '정수와 유리수의 사칙연산'이다.

6학년 1학기 여름방학 때 2학기 예습도 해야 하기에 많은 양의 선행학습을 할 수 없다. 하지만 일주일에 한 번 정도 중1 수학 배우는 시간을 정하여 '정수와 유리수의 사칙연산'을 아이들에게 알려주었다. 아이들은 미리 중학교 수학을 배운다고 하니 흥미롭게 받아들였다. 따로 문제집으로 하지 않고 얇게 자료를 만들어 진행하여 아이들이 부담도 덜 느끼면서 즐겁게 수업했다.

여름방학 동안 '정수와 유리수의 사칙연산'을 반만 해도 겨울방학 동안은 아이들이 조금이라도 부담감을 덜고 중학교 수학을 배울 수 있다.

중학교라는 자체가 아이들에겐 낯설다. 학교와 친구들, 선생님까지 새롭고, 교과서와 수업시간은 잔뜩 늘어나며, 덩달아 공부량도 늘어난다. 학교에 적응을 하기도 전에 벌써 중간고사는 코 앞에 와 있다.

중학교 1학년 첫발은 넌 할 수 있다는 자신감으로 무장시켜주는 것이 필요하다. 나는 아이들에게 중학교 1학년 1학기 수학은 흥미롭고, 재미있으며 어렵지 않아 해볼 만한 수학이라고 많이 강조한다. 그것을 6학년부터 조금씩 서서히 스며들게 해주는 것이다.

이처럼 방학은 부진했던 학습도 회복할 수 있는 기간이지만, 더 중요한 건 아이의 자존감도 높아질 수 있는 시기이기도 하다는 사실이다.

- 2 -

생각하기 싫어하는 아이에게는 스스로 설명하게 하라

우리는 흔히 아이들에게 "생각 좀 하고 행동해라.", "생각이 있는 거니? 없는 거니?"라는 말을 한다. "나는 생각한다. 고로 존재한다."라는 데카르트의 명언도 있다. 생각이란 무엇일까? 사물을 헤아리고 판단하는 작용을 생각이라고 한다.

요즘 아이들은 생각하는 것을 싫어하고 생각하는 방법도 잘 알지 못한다. 그렇다고 생각이라는 영역이 타고나는 것만은 아니다. 생각도 다른 습관들처럼 쓰면 확대되고, 사용하지 않으면 그 기능을 제대로 발휘할 수 없다.

생각도 습관이다. 작은 생각부터 꾸준하게 연습을 해야 하는데 연습이 없으니 큰 생각을 하기는 너무 어려운 것이다.

생각의 다른 이름은 질문이다. 우리나라 교육 특성과 문화적인 특성상 수업시간에 질문하기가 아직은 어려운 구조이다. 어려서부터 어른들에게 "왜요? 왜 그런 건데요?"라고 물어보면 몇 번은 답해줄지언정 두세 번 넘어가면 말대꾸한다며 아이의 질문을 막는다. 학교에서도 질문하는 아이는 쉬는 시간을 뺏는 아이, 잘난 척하는 아이라는 인식이 지금까지도 교실에 깔려 있다.

그러다 보니 우리나라 아이들은 본인의 생각을 질문을 통해 드러내고 커지게 하는 데 한계가 있는 것이다. 하지만 이것은 매우 중요한 부분이다. 아이가 질문하면 부모나 주변 어른들은 그 질문을 차단하며 단답형으로 대답하는 것이 아니라, 아이가 생각을 확장할 수 있도록 한발 앞선 질문을 또 해주는 것! 이것이 아이의 생각을 크게 하고 본인의 생각을 정립하게 해주어 질문다운 질문을 하게 만든다. 멋진 질문은 친구들과의 토론 수업에서 더욱 빛을 발할 것이고 나만의 생각을 펼치는 논쟁도 훌륭하게 해낼 수 있다.

예전에 tvN에서 〈질문으로 자라는 아이〉라는 프로그램을 방영한 적이 있다. 이런 다큐멘터리 종류의 프로그램을 좋아하는 편이라 흥미롭게 봤던 기억이 있다.

실리콘밸리로 잘 알려진 캘리포니아 주의 한 초등학교 1학년 수업시간의 모습을 보여주었다. 이 학교에는 한국인 임혜진 선생님이 계신다. 임혜진 선생님은 처음 학교 생활을 시작하는 학생들에게 학기 초에 꼭 하는 수업이 있다고 한다.

다음은 수업의 내용이다.

책을 읽은 후 책을 덮고, 선생님이 말한다.

선생님 : 얇은 질문.
학생들 : 얇은 질문.
따라 말한다.

선생님 : 답은 책 안에 있어요.
학생들 : 답은 책 안에 있어요.
따라 말한다.

선생님 : 두~꺼운 질문.

학생들 : 두~꺼운 질문.

따라 말한다.

선생님 : 우리는 생각해야 해요.

학생들 : 우리는 생각해야 해요.

따라 말한다.

물론, 수업은 영어로 진행된다.

선생님 : 누가 얇은 질문의 예를 들어볼 수 있을까?

아이1 : 다음 차례는 누구일까요?

선생님 : 아주 단순하고 좋아요. 책에서 질문의 답을 알 수 있죠. 그럼 누가 두꺼운 질문의 예를 들어 볼까요?

아이2: 넷(아이들이 읽은 책에 나오는 인물)은 왜 낚시하러 가지 않았을까요?

선생님 : 우리가 실제로 그 답을 알고 있나요?

아이들 : 아니요.

선생님 : 그 답이 책 안에 있나요?

아이들 : 아니요.

선생님 : 머릿속으로 생각을 해보세요. 5초 정도 줄게요. 그리고 파트

너와 함께 이야기를 나눠보세요.

이 수업이 무엇인지 처음엔 나도 잘 이해하지 못했다.
하지만, 뒤이어 나오는 설명을 듣고 한 대 맞은 듯한 기분이었다.

얇은 질문(Thin Question) – 피상적인 쉬운 질문 – 답은 책 안에 있어요.
두꺼운 질문(Thick Question) – 생각해야 하는 깊이 있는 질문 – 우리는 생각해야 해요.

이런 수업을 왜 진행하냐는 질문에 임혜진 선생님은 이렇게 대답한다.
"학기 초에는 1학년이라 아직 질문의 형태가 뭔지, 질문이 왜 중요한지 몰라요."
"그래서 질문의 형태를 몇 가지 가르쳐줍니다."
"두 질문의 차이를 계속 연습하고, 나중에 아이들이 그것에 익숙해졌을 때, 우리가 이것에 대한 솔루션을 어떻게 만들수 있을까? 하는 부분까지 생각합니다."
"질문의 형태를 단순하게 나눠 익히게 하는 수업을 하는 것입니다."

아이들은 잠깐 멈추고 생각한다. 잠깐 멈추고 생각하는 습관은 중요하다. 생각을 정리하고 대답해야 아이들의 생각은 더욱 커지기 때문이다.

질문을 만들고 나면 그것을 스스로 해결하는 프로젝트를 진행한다. 그 과정에서 자연스럽게 친구와 토론하게 되는 것이다. 선생님이 일방적으로 가르치는 티칭이 아니라 아이들이 스스로 알아가게 도와주는 코칭을 해야 어릴 때부터 스스로 생각하는 힘이 생기는 것이고 비로소 질문할 수 있는 능력이 생기는 것이다.

임혜진 선생님은 이렇게 말한다.
"정보를 줬을 때 이것을 어디에 적용해야 할지 솔루션을 생각한다든지, 그런 힘을 길러주는 게 훨씬 더 중요한 것 같아요."

나 또한, 내가 아이들과 오랫동안 수업을 하면서 느꼈던 부분이다. 티칭을 배울 곳은 많다. 요즘엔 오프라인 강의뿐만 아니라, 온라인 강의(인터넷 강의)도 아주 잘 갖춰져 있다.
온라인 강의 안에는 여러 선생님이 계시기 때문에 나와 수업 스타일이 맞는 선생님을 선택할 수도 있다.
하지만 코칭은 다르다. 현재 아이의 문제를 파악하고 지금 아이에게 필요한 부분들을 하나하나 가르치는 것이 아니라 스스로 그 답을 찾을 수 있도록 도와주는 것이다. 이 부분을 봐줄 수 있는 것은 단순히 학습적인 것뿐만 아니라 검사와 상담을 통해 아이의 감정과 성향들을 두루 파악하여 아이가 건강하게 학습할 수 있도록 도와주는 것이다.

나는 아이들에게 수학을 가르치는 수학 강사이다. 하지만 나는 티칭보다는 코칭 위주로 수업을 진행한다. 우리도 공부를 해봐서 알지만, 강요로 공부를 할 수는 있지만, 행복하게 즐기며 하기는 힘들다.

> 지지자 불여호지자(知之者 不如好之者)
>
> 호지자 불여락지자((好之者 不如樂之者)
>
> : 아는 자는 좋아하는 자만 못 하고,
>
>   좋아하는 자는 즐기는 자만 못 하다.

무슨 일이든 재미있게 즐기는 자를 당할 수는 없기에 결국은 즐기는 자가 이긴다. 논어의 말씀이다.

그것은 마인드의 문제인 것이다. 그러한 마인드를 가지고 아이와 소통하며 공부의 긍정적인 면을 끌어낸다.

가정에서도 실천할 방법이 있다. 여러 교육법 중에서 내가 가장 좋아하고 추천하는 교육법이 있다. 유대인의 교육법인 하브루타 교육이다.

아이가 스스로 생각하고 해결하는 힘을 키우도록 토론하는 대화 과정을 만드는 교육으로 이를 위해 부모와 교사가 관심을 두고 존중하는 태도로 질문하는 교육이다.

우리에겐 참 익숙하지 않은 모습이다. 이렇게 교육받고 자라는 아이들과 정답 있는 문제만 푸는 획일적으로 자란 한국 아이들이 사고력과 창의력에서 차이가 날 수밖에 없다는 걸 하브루타를 들여다볼수록 더 느낀다. 그렇다고 포기하긴 이르다. 우리도 질문하는 아이로 키울 수 있다. 쉬운 것들부터 부모가 먼저 하나하나 실천해보는 것이다.

---

1. 아이와 일상 대화부터 시작하기.
2. "왜 그렇게 생각했어?" 귀찮다고 생각하지 말고 부모가 "왜?" 라고 질문하기.
3. 아이의 자존감을 높여주는 칭찬을 적어서 일부러 칭찬하기.

부모가 질문할 때도 같은 내용의 질문이라도 단순한 질문부터 한 번 더 생각하게 할 수 있는 질문까지 다양하게 해주는 것이 좋다. 이것은 부모도 연습이 필요하다. 생각하는 힘이 길러져야 질문을 잘할 수 있고 질문을 받으면 생각하는 힘으로 현명한 답을 할 수 있다. 생각하는 힘으로 현명한 우리 아이가 될 수 있다.

책 읽기와 퍼즐 북으로 두뇌 회전시키기

"저는 머리가 복잡할 때 수학 문제를 풀어요."

내 이야기는 아니다. 명문대생의 인터뷰였다. 나는 수학 문제까지는 아니지만, 퍼즐 북을 좋아한다. 퍼즐 북 중에서도 스도쿠 게임을 좋아한다. 아이들과 수업 후 시간이 조금 남으면 미리 프린트해놓은 스도쿠 문제를 푼다. 수업 중간중간에 아이들 분위기도 상기시킬 겸 가끔 게임을 하거나 심리테스트를 한다. 중학생 아이들과는 스도쿠 게임을 많이 푸는 편이다. 10분 안에 누가 더 많이 푸나? 혹은 여러 명이 있을 때는 누가 제일 빨리 푸는지를 두고 게임을 한다. 나도 나름 게임 좀 한다고 하는데 하다 보면 나보다 잘하는 아이가 있다. 그 아이는 연필도 몇 번 끄적이지 않았다. 이런 아이들을 보면 수학적 두뇌를 타고난 아이들이고 수학 성적 또한 좋았다.

수학 공부라고 하면 부담스럽지만, 수학적 훈련임에도 아이들이 공부로 생각하지 않고 놀이로 여기는 것, 바로 퍼즐이다. 퍼즐은 여러 가지 장점이 있다. 우선, 집중력을 높여줄 수 있다.

게임을 할 때 집중력이 떨어지는 아이를 본 적이 있는가?

친구와 게임을 할 때 재미없어 하는 아이를 본 적이 있는가?

퍼즐은 공부하다 지치거나 집중력이 떨어졌을 때 갖고 놀거나, 경쟁자와 함께 푸는 것을 추천한다. 자연스레 몰입되어 공부에도 재미를 느끼게 해준다.

퍼즐의 종류는 다양하다.

그중 두 가지를 추천해본다.

첫째, 스도쿠.

가로와 세로 9칸씩 총 81칸 정사각형의 가로세로 줄에 1~9의 숫자를 겹치지 않도록 적어 넣는 단순한 게임이다. 어릴 때부터 부모와 함께 즐길 수 있다. 시행착오를 반복하면서 문제를 해결하는 능력 및 창의적인 사고력을 기를 수 있다. 온 가족이 모여 누가 먼저 푸는지 내기를 하는 것도 재미있다.

둘째, 닌텐도 두뇌 트레이닝 시리즈.

두뇌 트레이닝 시리즈는 닌텐도와 도호쿠대학 '가와시마 류타' 교수가 힘을 합쳐 만든 소프트웨어로 간단한 퍼즐과 수리 문제를 푸는 게임이다. 물론 이 게임을 아이가 한다고 해서 두뇌가 발달해 성적이 급격히 오르거나 하는 일은 없지만 다양한 문제를 풀면서 다른 게임에서 느끼지 못하는 두뇌 자극을 경험해볼 수 있다.

시스템 안에 있는 뇌 연령 테스트는 '자기 제어(Self-Control)'와 '처리 속도(Processing Speed)', '단기 기억(short-term Memory)' 세 가지 부분으로 진행한다. 각 항목은 단어 암기나 숫자 빨리 세기, 선 잇기, 단순 계산 등에 관련된 내용으로 출제된다.

이것 말고도 아이들과 재미있게 즐길 수 있는 퍼즐 종류는 많다.

초등 아이들과는 숫자 야구 게임도 자주 하였다. 한 명의 술래가 혼자만 아는 숫자를 정하고 나머지 사람들이 그 숫자를 맞추는 게임이다. 숫자만 맞으면 볼, 숫자와 자리도 맞으면 스트라이크. 이 게임도 역시 잘하는 아이가 수학도 잘했던 기억이 있다.

자주 했던 게임 중에 숨은그림찾기도 있다. 영어사이트에서 무료로 제공해주었는데 난이도가 꽤 있었다. 그래서 아이들과 즐겁게 고민하며 찾았다. 남자 아이들과는 큐브 빨리 맞추기 시합을 하기도 하였다. 요즘에는 더 다양하고 아이들이 좋아할 만한 게임들이 많이 있다. 인터넷에서 유행하고, 세일하는 보드게임을 무턱대고 사는 것보다 아이와 마트나 서점에 가서 아이가 원하는 게임을 사주는 것이 더 좋다.

두뇌 회전 방법 중 베스트 오브 베스트는 책 읽기이다.

그렇다면 어떤 책을 읽어야 할까? 책은 무엇이든 좋다. 수학에 관련된 책이나 교육 서적을 읽지 않아도 괜찮다. 아이가 소설책만 읽는다고 걱정하는 학부모들이 있는데, 이야기책의 경우 문학적 문해력을 향상하고 글의 서사구조를 파악하는 좋은 콘텐츠가 된다. 문해력이 길러지면 수준이 높거나 관심이 적은 분야의 글들도 잘 읽어내게 되기 때문에 편독의 문제는 자연스럽게 해결된다.

또한, 독서 활동에서는 책을 읽는 그 자체가 목표가 되어야 한다. 독후 활동에 초점이 더욱 맞춰진다면 아이는 독서의 즐거움을 잃거나 책 읽는 것, 그 행위 자체를 싫어하게 될 가능성도 있기 때문이다.

아이의 수준과 흥미를 고려하여 재미있고 수준에 맞는 책으로 독서를 시작하여 차츰 그 양과 수준을 늘리고 높여간다면, 두뇌회전은 물론. 어느새 독해력과 사고력 모두 성장하는 것을 발견하게 될 것이다.

- 4 -

아이에게 맞는 공부 방법을 찾아라

나는 중학교 시절 중위권의 성적을 유지하던 학생이었다.

시험을 일주일 남긴 주말 아침.

공부하려고 책상에 앉으면 일단 정리되지 않은 물건들이 눈에 띈다. 책상 위를 정리하고 책상 서랍을 정리한다. 정리하다 보면 친구들과 주고받은 편지들이 나오고 스티커 사진들도 나오고 주섬주섬 챙기다 말고 그것들을 본다. 가방 정리도 한다. 쓰레기를 버리고 필통 정리도 한다. 주변 정리가 어느 정도 끝이 났다.

오늘 할 공부를 TO-DO LIST에 작성한다. 내가 좋아하는 펜으로 이쁘게 다이어리에 적는다. 다이어리를 본 김에 며칠 동안 못 적어 넣은 일기도 적어 넣는다. 갑자기 목이 마르다. 거실로 나가 물 한잔을 들고 책상에 다시 앉는다. 공감하시는 분이 많이 계실 거라는 생각이 든다.

이제 본격적으로 공부를 하기 위해 교과서를 편다. 개념정리 해놓은 내용을 연습장에 옮겨 적으며 무조건 외운다. 잘 외워지지 않지만, 오늘은 1단원을 다 끝마쳐야 하기에 억지로 끝을 낸다. 저녁이 되었다. 온종일 공부가 잘 안 되는 과목을 질질 끌며 겨우 끝냈다. 나머지 해야 할 공부들은 내일로 미룬다. 이러다 보니 시험 전에 완벽하게 시험공부를 하고 시험을 보기가 힘들었다. 한참 뒤에 알았다. 나는 나와 전혀 맞지 않는 방법으로 공부를 하고 있었다는 것을.

내가 중학교 시절 이렇게 어리석게 공부하는 동안 주변에서 내가 공부하는 모습을 지켜보고 어느 어른이라도 나의 잘못된 학습 방법을 바로 잡아주고 코칭해주었으면 참 좋았었겠다는 생각을 해본 적이 있다.
하지만 그 누구도 코칭을 해주지 않았고, 나는 나 스스로 나의 공부 처방을 내렸다. 그리고 나의 공부 처방은 고등학교 시절 많은 도움이 되었다.
나의 공부 처방은 이러했다.

"내가 좋아하는 수학 문제집들을 풀면서 기분 좋은 상태로 감정을 끌

어울린다. 그 감정을 가지고 암기과목을 소단원으로 끊어가며 공부해서 효과를 보았다. 당연히 내가 좋아하는 과목만 공부할 수 없기에 중간중간 암기과목들을 넣었다. 이렇게 공부하면서부터 집중력도 좋아지고 공부 시간도 늘어나 성적도 향상되었다."

사람마다 다 각기 다른 성향이 있듯이 공부도 개별 성향이 있다고 생각한다.

공부를 어느 장소에서 하면 잘되는가? 집, 독서실, 스터디 카페, 커피숍, 교실, 도서관 등.

학습 분위기는? 혼자 공부, 1:1, 그룹 공부 등.

공부 습관은? 계획적으로 하는지 즉흥적으로 하는지 등에 따라 다르다.

이렇게까지 공부 성향을 파악해야 하는 걸까? 당연하다.

우리는 평생 학습 시대에 살고 있다. 배움에는 끝이 없는 것이다. 학교 공부가 아니라도 무언가를 계속 배워야 하고 학습해야 한다. 그것들을 배울 때 좀 더 효율적으로 배우고 즐겁게 배우기 위해서 이 과정은 꼭 필요한 과정이다.

그리고 나에게 맞는 공부 성향은 중학생, 고등학생, 성인이 되어서도 찾을 수 있다. 그때라도 찾아서 공부의 즐거움을 찾는 것도 정말 다행스러운 일이다. 다만, 이왕 공부하는 것이라면 학습의 양이 많을 때보다는 적을 때, 뇌의 수용 능력이 더 좋을 때, 습관을 만들기 더 좋은 시기인 초등학교 저학년 때 나만의 공부 습관을 만들어놓으면 좋을 것이다. 이때의 공부 습관은 자기주도학습으로도 이어질 수 있다.

아이의 평생 공부 습관을 위해서 부모로서 적게는 2년, 길게는 4년 정도의 기간에 투자해야 한다고 생각한다. 어떻게 해야 하는가? 아이를 잘 관찰해야 한다.

공부방을 하면서 어린아이들과 공부를 하던 때의 일이다. 5세부터 9세까지 한글부터 수학, 칠교, 한자 등의 과목을 1시간 동안 가르쳤다.

초등고학년, 중고등학생들만 수업하다가 어린아이들을 가르치는 일은 아무리 교육을 받았어도 쉽지 않았다. 변수가 너무 많았다. 수업하다가 아이가 응가를 하고, 공부하기 싫다고 울기도 하고, 집에 간다고 울고 안 간다고 울고, 갑자기 일어나서 돌아다니는 일은 다반사다.

새삼 유치원, 어린이집 선생님들이 대단하게 느껴졌다.

학습보다는 아이들과의 교감이 더 중요했다. 그래도 나는 아이들을 좋아해서 아이들과 놀이도 하고 이야기도 나누며 나름 즐겁게 시간을 보낼 수 있었다. 그렇다고 마냥 즐겁게 놀 수만은 없었다. 학부모님들이 학원을 보낼 때는 무언가 얻는 것이 있어야 하기 때문이다. 이것보다 사실 나에게 더 중요한 것이 있었다. 그건 매일 매일 보는 아이들이 나 하나만 바라보고 오는데 좋은 선물을 주고 싶었다. 그것은 물질적인 선물보다 좋은 습관을 아이들에게 주고 싶었다. 커서도 두고두고 써먹을 수 있도록. 몸과 머리가 기억할 수 있도록.

그래서 나는 자기주도학습을 학부모들에게 많이 이야기했다.

아이들은 공부방에 들어오면 인사를 한다. "선생님, 안녕하세요?" "주아 왔어?" 나와 반갑게 인사를 나눈다. 화장실에 가서 손을 씻고 각자의 책들이 꽂혀 있는 파일을 들고 온다. 원하는 자리에 앉거나 지정하는 자리에 앉는다. 나는 아이들이 오기 전에 하는 작업이 있다. 그날 해야 할 공부량을 하나하나 적어둔 A4 종이를 파일 맨 앞에 꽂아두는 것이다. 그럼 아이들은 그 종이를 보고 하나씩 해나간다.

처음부터 이렇게 척척 해나갈 수는 없다. 아이마다 차이는 있지만 몇 번 알려주고 함께 하다 보면 아이는 어느 순간 그날 할 일을 다 한다. 아이들 대부분은 어리지만 자기주도학습을 척척 해나간다. 다 한 아이는 스티커 5개를 받아 자기 이름이 있는 벽에 붙인다. 스티커 100개를 다 모으면 달란트를 받아 근처 문구점에서 원하는 상품으로 교환한다. 그리고 한 달에 한 번 작은 파티를 연다. 맛있는 음식을 먹고 여러 활동을 한다. 아이들이 이날만을 기다리고 이날이 오면 즐거워하던 모습들이 눈에 선하다.

이런 날은 아이의 마음을 먼저 이해해주고 공감해주는 것이 우선이다.

물론 어느 정도 엄격할 필요도 있고, 습관을 잡아가는 데 반복성도 필요하지만, 이 나이 때 아이들의 가장 중요한 것은 공부의 흥미를 잃어서는 절대 안 되는 것이다.

이렇게 습관을 잡아가는 아이 옆에서 꾸준히 관찰한다면 아이에게 맞는 공부법도 더 금방 찾을 수 있다. 이 방법은 집에서도 충분히 적용해 볼 수 있다. 아이를 제일 잘 아는 사람은 누구일까? 바로 엄마이다.

표를 하나 만들어본다. 그리고 처음엔 정말 가볍게 시작한다. 아이가 그날 해야 할 일들을 적는다. 공부뿐만이 아니라 생활 습관도 좋다. 아이의 성향에 따라 다르지만, 처음부터 시간까지 정해주는 것보다는 하나씩 완성해 나가는 것에 초점을 맞추는 것이 바람직하다. 그렇게 습관이 자리를 잡으면 몇 가지를 더 추가하고 변경하며 좋은 습관들을 늘려나가면 된다. 이렇게 아이의 습관도 잡고 공부법도 찾을 수 있다.

목표가 있어야 공부도 재미있다

목표가 있어야 공부를 잘할 수 있다는 말은 진리처럼 알려져 있다. 그러나 그건 대부분 성적이 상위권인 학생에게나 통하는 말이다. 중하위권 학생들은 그 반대다. 공부를 잘하는 아이들은 처음부터 공부가 재미있어서 시작했다기보다는 잘하다 보니 좋아졌다고 말한다.

잘하는 일은 재미있다. → 재미있으니 공을 들인다. → 공을 들이면 더 잘한다. → 더 잘하면 좋아하게 된다.

이렇게 선순환의 반복이다. 직접 경험해보지 못한 일이라면 공감하기 어려울 수도 있겠지만 반대로 해석할 때도 같은 논리가 적용된다.

  잘못하면 재미가 없다. → 재미없으니까 안 한다. → 안 하면 더 못한다. → 더 못하면 싫어하게 된다.
  악순환의 반복이다.

  즉, 성적이 올라야 자신감과 동기가 올라간다. 무난한 목표를 세워 성취하면 자신감이 생기고, 다시 공부에 대한 열의가 가속돼 성적이 향상되는 선순환의 고리가 형성되는 것이다. 하지만 여기서 중요한 것은 학습 목표가 막연하거나 거창해서는 안 되고 반드시 달성 가능한 수준이어야 한다는 점이다.

  멀리 보고 쏜 화살이 반드시 멀리 가는 것은 아니듯, 무리한 목표는 오히려 좌절감만 안겨줄 뿐이다. 목표는 이루기 위해 세우는 것이지 목표로만 머무르기 위해 있는 것이 아니라는 점을 명심해야 한다. 목표가 있는 아이들은 공부하지 말라고 해도 어떻게 해서든 한다. 왜 그럴까? 그것은 갈증이 생기면 물을 찾듯 목표에 갈증이 생기면 뭔가 이루려고 행동을 하기 때문이다.

  문제는 '어떻게 해야 목표가 생길까?'이다.

'목표와의 만남'에는 '우연'이란 것이 있다. 예를 들어, 박지성 선수는 어린 시절 우연히 동네 축구를 하게 되었고, 부모님은 축구에 재미있어 하는 박지성 선수가 하고 싶은 것을 하도록 놓아뒀다. 박지성 선수는 우연히 축구를 만나 재미를 느꼈고, 잘하고 싶어서 어릴 때부터 연습, 시도, 축구 관련 공부를 많이 했을 것이다. 그렇게 해서 박지성은 훌륭한 선수가 되었다. 즉, 박지성 선수가 자신이 좋아하는 것을 찾기 위해서 스스로 여러 가지의 다른 시도 중에서 축구를 선택한 것이 아니고, 우연히 '목표와의 만남'을 가질 수 있었다는 것이다.

아이들이 이렇듯 박지성 선수처럼 목표를 우연히 만난다면 얼마나 좋겠는가?

목표를 우연히 만난다는 것이 쉽지 않기 때문에, 원하는 목표가 생기도록 여러 가지 경험을 해야 한다. 여러 가지 경험이란 것은 아주 다양하다. 아이들이 시골에 있으면 여러 도시를 둘러보는 것만으로도 좋은 경험이 된다. 상위 학년의 선배들을 만나보는 것도 좋은 경험이고, 하다못해 뒷산에 가서 개구리를 잡는 것 또한 경험일 것이다.

나는 어렸을 때 서점에 가는 것을 좋아했다. HOT를 좋아했던 나와 내 친구들은 학교가 끝나면 학교 근처 지하 서점으로 들어갔다. 그리고 이달에 나온 잡지들을 구경하고 오빠들의 사진을 보고 좋아했다.

그렇게 서점 출입을 잦아졌고, 나는 자연스럽게 다른 책에도 관심을 갖게 되었다. 가장 먼저 흥미를 느낀 책은 시집이었다.

어린 감성에 나는 원태연 님의 시를 좋아했다.

"손끝으로 원을 그려봐, 그걸 뺀 만큼 널 사랑해."

유치해보일 수도 있지만, 그 당시 나에게 큰 울림이 있던 시집이었다. 또한, 시집은 다른 책들에 비해 가격도 부담스럽지 않아서 몇 권 소장도 할 수 있었다.

그러다 우연히 시집 수필 코너에서 『미안해』라는 가수 박진영의 책을 보았다.

그 책에 보면 이런 내용이 있다. 연세대 경영학과에 다니던 박진영은 춤을 추기 위해서 공부를 했다고 한다. 춤으로 밥벌이가 안 돼 생계가 어려울 때 춤을 포기하는 것이 아니라 본인이 배워온 공부로 돈을 벌고 자신이 하고 싶은 춤은 계속해서 출 수 있도록 공부를 했다고 한다.

어린 나이였지만 나에게 공부를 해야 하는 이유가 생기게 되었다. 학창 시절, 나의 장래 희망은 PD, 또 다른 어느 날은 의사, 어느 날은 카피라이터, 어느 날은 현모양처였다.

명확한 꿈은 없었지만, 공부를 해야 하는 이유는 명확해졌다.

좋아하는 목표를 만난다면 왜 자신이 공부해야 하는지 이유를 알 뿐만 아니라 공부 집중은 말하지 않아도 자연스레 된다. 좋아하는 목표를 세워도 실행하지 않으면 무용지물이다. 또한, '목표가 있어야 공부가 재밌다.'라는 말은 더 나아가서는 삶 또한 재밌어지는 것을 의미한다.

6

생활 속에서 수학과 친해지게 만들어라

일상생활에서 흔하게 볼 수 있는 일을 소재로 해서 접근하면 된다.

몇 가지 예를 들어보겠다.

첫 번째, 시간 알려주기.

시계를 볼 줄 모르는 아이에게도 "몇 시에 갈 거야?", " 몇 시에 도착할 거야?"처럼 시간을 얘기해주니 어느 순간 아이는 시계에 관심을 보이는 모습을 보여주었다. 자동차를 타고 이동할 때 "엄마, 언제 도착해?"라고 아이들은 자주 물어본다.

"5분 뒤에 도착해."

"5분이 얼마야?"

"60씩 다섯 번 세어봐."

아이들은 몇 년 동안 차 속에서 이렇게 시간을 배우며 달렸다. 아이들은 이제 1분이 60초라는 것도 알고 1시간 30분이면 먼 거리이고 20분 정도면 참을 만한 거리라는 것도 안다.

두 번째, 계단 수 세기, 엘리베이터 층 수 세기.

계단 한 칸 한 칸 오르며 "하나, 둘, 셋…" 숫자를 센다거나, 엘리베이터가 올라가는 것을 보며 숫자를 센다. 같이 세지 않아도 좋다. 부모 혼자세다 보면 어느새 아이들이 같이 따라 읽고 있는 모습을 보게 될 것이다.

세 번째, 단위 얘기해주기.

사람은 명, 연필은 자루, 몸무게는 kg, 키는 cm라는 단위를 알지 못해도 그냥 의식적으로 이야기한다. "우와 시윤이 발이 벌써 200mm네~" "저쪽에 사람 몇 명 있는지 봐줄래?" 등 단위를 붙여 말한다. 아이는 자연스럽게 단위를 받아들이게 된다.

네 번째, 한국의 전통놀이 고스톱.

고스톱은 어떻게 보면 예외적일 수 있는데, 지인의 가족 이야기를 예로 들어보겠다. 초등학교 3학년인 아들이 하나 있는 집이다. 명절에 어른들이 고스톱 하는 것을 보고 아이가 흥미를 보였다. 처음에는 단순한 짝맞추기로 시작했다. 그런데 지금은 점수도 내고 점당 10원의 돈도 주고받는다.

고스톱은 단순한 도박이 아니며, 놀이를 통해 배우게 되는 것이 많다고 생각했다. 돈을 주고받으며, 화폐의 개념을 익히게 되고, 보드게임처럼 차례의 개념도 알게 된다. 또한, 점수를 계산하며 자연스럽게 덧셈, 뺄셈을 익힐 수 있다. 물론 부모가 아이를 위해 보드게임을 시작하면 좋지만, 보드게임에 흥미가 없는 부모라면 고스톱 또한, 실생활에서 수학을 접할 수 있는 좋은 수단이라고 생각한다

또 다른 예로 맨홀을 보며 뚜껑이 둥근 이유에 대해서도 알려준다.

맨홀 뚜껑은 쇠로 만들어져 있고, 무겁다. 이런 맨홀 뚜껑이 맨홀에 빠지면 정말 큰일이 날 수 있다. 원형으로 만든 이유는 폭이 일정하기 때문에, 잘 빠지지 않는다. 종이로 삼각형, 사각형, 원형을 직접 오려서 알려준다면 더 쉽게 이해할 수 있다.

줄자가 없을 때 손뼘재기를 하거나, 걸음 수로 길이를 재는 것도 하나의 방법이다.

물컵에 물과 얼음을 넣어 부피를 비교하는 것, 아이와 엄마의 나이 차이를 비교하는 것 등등 다양하다.

대화를 통해 익숙한 일상생활 및 새로운 상황을 수학적 사고와 연결해주는 것이 좋다. 이렇게 조금만 신경을 쓰면 일상 속 모든 상황이 수학놀이를 할 장소와 시간이 될 수 있다.

수학에 관심이 있는 아이라면 그 아이의 호기심이나 자신감을 채워주기에 충분하고, 수학을 힘들어하는 아이에게는 일상생활에서 찾은 소재를 가지고 접근하기 때문에 거부감이나 부담감이 없어 수학에 재미를 느낄 수 있도록 하는 데 도움이 될 것이다.

놀이를 통해 학습하는 수학은 결코 쉽게 잊어버리거나 흥미롭지 않을 수가 없다. 아이가 수학적 센스를 키우고 수학에 재미를 느낄 수 있도록 가정에서 유용하게 활용하면 큰 효과가 있을 것으로 기대한다.

7

실수하는 아이들은 대부분 문제를 제대로 읽지 않는다

수학 문제를 풀 때 실수하는 아이들의 이유는 다양하다. 계산 실수일 수도 있고 시간이 부족해서 문제를 끝까지 못 읽었을 수도 있다. 여러 이유 중에서도 요즘 아이들에게 많이 나타나며 심각하게 나타나는 문제가 있다. 그것은 아이들이 문제를 제대로 읽지 않는다는 것이다. 이것은 수학 문제를 풀 때만 나타나는 것이 아니다. 어휘가 많아지고 문장이 길어지는 국어 문제나 다른 교과 문제들 그리고 논술형 문제나 서술형 문제에서는 더 심각하다.

문제를 보고 필요하다고 생각하는 단어나 숫자 정보들만 읽고 문제를 대충 파악하는 것이다. 그래서 문제를 틀린 아이에게 문제를 처음부터 다시 읽어보라고 하면 귀찮아한다. 본인이 처음에 받아들인 정보가 옳다고 강하게 믿고 있기 때문이다. 그래서 처음에 그 오류를 못 찾는 아이들도 많다. 두 번, 세 번 정도 소리 내어 읽어 보라는 강요에 못 이겨 읽은 후에야 자신이 문제를 잘못 읽고 잘못 이해했다는 것을 파악하는 경우가 많다.

아이들에게 왜 이런 현상들이 일어날까?

일단 첫 번째로 요즘 아이들은 책보다 미디어와 더 친하다. 2010년 이후에 태어난 아이들을 일컫는 단어가 있다. 바로 '알파세대'이다. 스마트폰 외의 전화는 구경해본 적이 없고 태어나 얼마 지나지 않아 울면 자연스럽게 미디어를 접하던 세대이다. 인공지능과 함께 사는 것이 당연한 아이들이다. 태어나면서부터 누구의 잘잘못을 떠나 그런 환경에 노출되다 보니 글자보다 영상이 편한 세대들이다. 이런 알파세대들에게 있어 시급한 문제가 우리가 지금까지 언급한 바로 '문해력'이다. 글자는 읽지만, 뜻은 이해하지 못한다. 안타깝게도 성장기에 만들지 못한 문해력은 어른이 되어도 제자리이다.

문해력이 부족한 이유를 조금 더 설명하자면 이렇다. 덴마크 출신 전산학자인 제이컵 닐슨 박사는 디지털 읽기의 특징을 'F자형 읽기'라고 하였다. 디지털 시대 과잉 정보에 노출된 사람들은 인지적 과부하에 빠지지 않기 위해 텍스트 중 맨 위 1~3문장만 끝까지 살펴본 후 중간은 거의 읽지 않고 중반부 한두 문장만 읽어 눈의 움직임이 F자형을 이룬다. 또 단어만 재빨리 훑어 맥락을 파악한 후 결론으로 돌진하는 이른바 '훑어 읽기' 방식도 같은 맥락이다. 그러다 보니 긴 문장은 이해조차 하지 못하고 더 짧고 단순한 문장만 찾게 되고 그 뜻조차도 점점 이해하기 어려워하는 악순환이 반복되는 것이다.

그렇다고 당장 스마트기기들을 갖다 버리고 책들에 둘러싸여 책만 읽게 할 수도 없는 노릇이다. 물론 책 읽기가 다른 무엇보다 중요하다는 것은 동서고금을 막론하고 진리이다. 문해력의 답은 자기 수준에 맞는 책을 읽는 것을 시작으로 하는 것이 맞다. 하지만 현실도 부정할 수 없기에 스마트기기에 능한 장점과 문해력까지 겸비한 알파세대의 아이들이 되도록 가정과 학교와 사회에서 부단히 노력해야 한다.

일단은 초등 1, 2학년이 아닌 이상 문제들은 계속 풀어나가야 하는데 문해력을 키워야 한다는 이유로 모든 학업을 뒤로 한 채 책 읽기에만 매진할 수는 없다. 초등저학년 때는 가능하다. 책을 꾸준히 읽은 아이가 수학 단원평가를 50점을 맞고 책을 잘 읽지 않는 아이가 전날 엄마와 연습하고 100점을 맞았다. 당장 봤을 때는 100점 맞은 아이가 우세한 것처럼 보이지만 장기적으로 봤을 때는 50점 맞은 아이의 책 읽기 능력이 나중에 발휘되어 더 우수한 성적을 받을 확률이 높다.

고학년, 중학생들은 문해력과 더불어 당장 문제를 풀 때도 무언가 변화가 있어야 한다. 당장은 티가 잘 안 나는 문해력의 실력 향상만 바라기엔 조급함이 있다. 물론 책 읽기는 반드시 문해력을 향상해주기 때문에 불안해하지 않고 아이와 엄마가 한마음으로 밀고 나가도 된다. 그래도 현실적으로 당장 학교든 학원이든 집이든 문제를 풀 때 이전과는 다른 모습이 필요할 것으로 생각한다. 그래야 아이도 의욕이 더 생길 것이다. 그래서 현실적으로 문해력을 조금씩 건들며 문제를 풀어나가는 팁을 주겠다.

1. 문제를 처음부터 물음표 끝까지 하나하나 읽는다. 소리 내어 읽으면 더 좋다.

처음에는 시간도 오래 걸리고 이렇게까지 안 읽고 대충 읽어도 풀리는 문제가 있을 것이다. 그래도 일주일 적어도 3~4일 정도는 수학 문제를 풀 때 꼭 이렇게 해보자. 수학 문제는 숫자 하나, 점 하나가 중요하다. 실수가 잦은 아이들은 지문을 제대로 읽지 않거나 숫자를 바꿔서 문제를 푸는 경우가 대부분이다. 틀린 것을 고르라는데 맞는 것을 고른다거나 답은 2개인데 1개만 고르기도 한다. 그만큼 문제를 집중해서 꼼꼼히 읽지 않는 것이다. 그래서 문제 읽기를 계속하면 소리 내어 읽지 않더라도 글자 하나 빼먹지 않고 정확하게 이해할 수 있게 된다. 그래도 될 수 있으면 소리 내어 읽어보는 것을 권한다.

2. 문제를 처음부터 끝까지 읽으면서 핵심 키워드에 동그라미 한다.

내가 이 문제를 푸는 데 중요하다고 생각하는 단어에 동그라미를 한다. 학창 시절에 노트 필기를 정말 잘하는데 성적이 반에서 하위권이었던 친구가 있었다. 그 친구의 노트를 살펴보면 이러했다. "교실에 학생이 30명 있다."에서 "있다"에 엄청 동그라미가 그려져 있었다. 문제가 뭔지를 아예 모르는 것이다. 문제를 꼼꼼히 읽는 연습이 어느 정도 되었다면 이제는 이 문제에서 말하는 핵심단어들을 찾는 것이다.

여기서 잠깐, 서술형 문제들은 길이가 긴 탓에 문제가 머릿속에 절대 들어오지 않을 것이다. 일단 문제를 세 번 읽고 중요한 단어에 동그라미를 치고 또 하나 문장을 끊어서 조건을 적는 것이 좋다. 조건 중에 식이 될 수 있는 것들은 식으로 쓰고 아직 식이 어려운 아이들은 글이나 그림도 좋다.(서술형 설명들 넣어서 예시 문제 넣기)

3. 당장 필요한 어휘들은 바로바로 찾는다.

문제가 잘 이해가 가지 않는 이유 중에서 가장 큰 이유는 단어의 뜻을 모르기 때문이다. 물론 수준에 맞는 책을 읽으며 어휘력을 키워나가는 것이 맞다. 하지만 문제에 나와 있는 모르는 단어들은 그때그때 인터넷에서 검색하거나 주변 어른들께 여쭤보면서 바로바로 이해하고 암기하고 까먹을 것 같으면 적어놓고 또 보는 것이 좋다.

또 하나 수학 문제의 단어 중에는 일상적으로 쓰는 단어들이 있고 수학 용어로 되어 있는 단어가 있다. 독서량도 풍부하고 다른 과목들은 잘하는 편인데 유독 수학만 힘들어한다면 수학 용어의 이해도를 체크해볼 필요가 있다. 참고로 일상 단어는 "우유의 양, 주변, 다시 만난다, 도착, 출발 등"이 있다. 수학 용어는 "소수 첫째 자리, 몇의 몇 배, 몫, 단위들(kg, t, km, mm, 시간, 시각 등)"이 있다. 수학 용어가 헷갈린다는 것은 단어들의 정의가 명확하게 머릿속에 들어 있지 않아서 그렇다. 각각의 정의만 정확하게 잡혀도 수학의 개념을 훨씬 수월하게 이해할 수 있다.

지금처럼 문해력을 조금씩 건들며 문제들을 풀 때 중요한 건 문제의 맞고 틀림이 아니다. 내가 문제를 어떻게 이해하느냐가 중요하다.

문제를 만든 출제자의 의도를 정확하게 알아야 그 문제를 정확히 파악할 수 있다. 문제를 풀 때 단순히 문제를 푸는 학생의 마인드를 가지고 문제를 푸는 것이 아니라 출제한 사람의 마음으로 문제를 풀면 더 도움이 될 것이다. 이것은 소비자의 삶에서 생산자의 삶을 경험해보는 것과 같은 이치이다.

3장

공부보다
동기부여가 먼저다

수학 한 가지만 잘해도 인생이 쉬워진다

'수학이 도대체 뭐길래 이까짓 수학 따위 하나가 인생까지 좌지우지하는 거야?'라고 볼멘소리로 반문하는 사람들이 있을 것이다.

내 인생과 수학을 연관지어서 생각해보면 이렇다. 초등 시절에는 너무 재미있던 과목으로 나에게 공부 자신감을 준 과목이다. 중학교 땐 1학년 때의 잠깐 공백으로 좋아하지만 다가가기 어려웠던 과목이었다. 나 혼자 좋아서 졸졸 쫓아다니는 짝사랑하는 듯한 느낌이었다. 고등학교 때는 수학과 과학이 좋아 이과에 갔지만 공부하면 할수록 어려웠던 과목이었다. 성인이 된 후 나에게 수학은 생계였다.

주변에서 직업을 물어보면 수학 강사라고 말한다. 사람들 대부분은 "수학 좋아하셨나봐요? 대단하세요. 저는 수학 너무 어렵고 싫었는데." 라고 이야기한다. 그럴 때면 나는 농담 반 진담 반으로 이야기했다.

"생계형 수학이죠, 뭐!"

내가 수학 강사가 된 건 정말 우연이었다. 대학교 1학년 때 집안 사정으로 대학교를 휴학해야 했다. 내 용돈도 내가 벌어서 써야 했다. 편의점, 패밀리레스토랑, 과외 등의 아르바이트를 했다.

제일 좋았던 아르바이트는 과외였다. 시급이 가장 높았기 때문이다. 그리고 아이들과 두러두런 이야기하며 수학, 영어, 과학 등을 가르치는 일이 재미있었다. 생각을 해보면 나는 이때부터 아이들을 좋아하고 아이들을 가르치는 걸 좋아했던 것 같다. 그래서 그 뒤로도 과외는 계속 했었다. 그러다 수학 학원 구인광고를 보고 면접을 봐서 학원에서 일을 시작하게 되었다. 이렇게 시작하게 된 일을 지금까지 하고 있고 어느덧 15년이 넘었다.

내게 수학이 어려웠던 경험이 있어서인지 최대한 아이들에게 쉽게 설명해주고 싶었다. 내가 문제를 풀 수 있는 것과 설명하는 것은 너무 다른 것이었다. 더군다나 공부하기 싫어 죽겠는 아이들이 이해할 수 있도록 쉽고 재미있게 설명하기란 더 어려웠다.

치열하게 수업 준비를 했다.

누군가를 가르친다는 것은 단순하게 생각하면 단순할 수 있지만 나는 그렇지 않았다. 나만 그 문제를 모르고 시험을 망치고 끝나는 문제가 아니다. 나로 인해 아이들이 수학을 포기할 수도 있다는 생각을 하면 사명감이 커졌다.

수업이 10시, 11시에 끝나면 집에서 씻고 간단히 배를 채웠다. 올빼미형 인간이었던 나는 새벽 2시, 3시, 4시까지 수업 준비를 했다. 같은 개념이라도 어떻게 하면 아이들이 쉽게 이해할 수 있을까?

내 수업 준비의 핵심은 단 하나! 아이들이 쉽게 이해하는 것이었다. 쉬워야 아이들이 수업에 조금이라도 집중할 수 있고 수학을 포기하지 않는다는 것을 알았기 때문이다. 10년 전만 해도 수학 교구가 많지 않았던 때였다. 그런데 아이들과 수업을 해보면 초등학생들도 그렇고 중학생들도 마찬가지다. 무언가 교구로 설명하거나 그림 등을 예로 들어가며 설명하면 더 이해를 잘했다. 그래서 사비로 교구도 이것저것 많이 샀던 기억이 있다. 아이들을 이해시켜야겠다는 열정이 넘쳤다.

지금은 그 열정이 식었다기보다는 노련미가 생겼다. 오래된 경험이 쌓여 아이들과 몇 마디 주고받고 수학 몇 문제 푸는 과정을 보면 아이의 성향과 수학 스타일이 보인다. 반 수학 도사가 된 것 같다. 그래서 나의 이런 노하우들을 많이 나누고 수학 실력이 부족한 학생들을 도와주고 싶다.

나는 사실 아이들 수학을 가르치면서 학원을 운영하는 것이 꿈이었다. 그래서 공부방을 운영하며 경험을 쌓고 학원 운영을 준비하고 있었다. 그리고 책을 읽는 것은 좋아하지만 책을 쓴다는 것은 생각조차 해본 적이 없었다. 책을 쓰는 사람들은 정말 대단한 사람, 대단한 업적이 있는 사람들만 쓰는 것이라는 고정관념이 있었던 것 같다.

그러다가 우연히 한 인터넷 카페에서 이런 글을 보게 되었다.

"성공해서 책을 쓰는 것이 아니라 책을 써야 성공한다."

지금까지의 나의 삶의 방향과 전혀 다른 것들을 제시하고 있었다. 그곳은 〈한국책쓰기1인창업코칭협회(한책협)〉이고 김태광 대표님과 권동희 대표님이 계셨다. 대표님들의 가르침으로 나도 누군가를 돕고 싶다는 구체적인 마음을 갖고 이렇게 책을 쓸 수 있게 되었다.

김태광 대표님은 10년 동안 1,100여 명의 작가를 배출하시고 25년 동안 250권의 책을 출간하셨다. 이왕 책 쓰기를 배운다면 최고의 코치에게 배우고 싶었다. 그래서 김태광 대표님께 책 쓰기를 배우고 4개월 만에 책을 쓰게 되었다. 다시 한번 두 분께 진심으로 감사의 말씀을 드리고 싶다.

책을 쓰며 나의 삶을 잠시 돌아봤을 때 내 인생에서 수학이 없었던 적은 어린 시절 5~6년을 제외하고는 없었다. 그리고 6~7살 때도 간단한 수학 문제집들을 풀었던 기억이 있다. 그 뒤로 학창 시절엔 싫든 좋든 당연히 수학을 공부했고 대학교 때도 했고 수학 강사로 학원에 있으면서 15년 동안 계속 수학책을 풀어왔다.

이 정도 하면 수학이 질릴 법도 한데 그냥 물 흐르듯이 자연스럽게 수학과 어우러져 살아왔다. 지금 생각해보니 나는 수학을 좋아하나 보다.

나는 수학 과목 하나를 가지고 인생까지 이야기했지만, 사실 그렇다. 수능을 보거나 학교 공부할 때도 수학 과목, 하나만 잘해도 학교 공부가 많이 편해지는 것은 사실이다.

일단 수학이라는 과목 자체가 시간을 많이 할애해야 하기 때문이다. 수학의 특성상 앞의 내용을 이해하지 못하면 뒤의 내용을 이해하기 힘든 구조이다. 그러다 보니 한 학년, 한 학기를 허투루 보낼 수가 없다. 그랬다가는 다음 학기에 두 배, 세 배의 노력과 시간을 쏟아부어야 한다.

그런데 어른들도 오늘 일을 내일로 모레로 미루는 판국에 아이들이라고 오죽할까. 몇 달 신나게 놀고 공부하려고 보니 너무 어렵고 공백을 메꾸기가 어려운 것이다. 그래서 학원에 다니려고 알아보니 요즘 수학 학원들은 선행에만 급급하지 복습을 하는 학원들을 찾아보기 어렵다. 차선으로 과외를 알아보지만, 금액 대비해서 우리 아이가 효과를 많이 볼 수 있을까 하는 욕심에 선뜻 어렵다. 그렇게 시간은 흐르고 아이는 수학이 점점 어렵고 수학을 포기하게 된다.

아이이기 때문에 한 학기 또는 일 년이라는 시간이 지나도록 공부가 하기 싫어서 놀 수 있다. 이렇게 하기 싫어하는 아이를 붙잡아 놓고 한들 의미가 없다. 공부는 아이마다 때가 있다. 하지만 이 '때'라고 하는 것은 중요하지 않다. 100세까지 배우며 사는데 8세에 한글 깨치나 10세에 한글을 깨치나 그게 무슨 의미가 있을까. 중요한 건 아이마다 공부 속도라는 게 있다는 것이다. 이 속도는 가속도가 붙었다고 해서 계속 직진으로 빠르게 나아가는 것도 아니다. 갑자기 급브레이크를 밟기도 한다.

그럴 때 옆에서 "우회전으로 가야 하고 저 앞에서 유턴하고 방지턱 있으니까 조심하고 속도는 줄이고 고속도로에서는 속도 좀 내고…" 이렇게 잔소리해서는 절대 안 된다. 아이의 속도에 맞게 때를 기다리고 큰 사고가 나지 않을 정도만 옆에서 관찰하면 된다. 네가 차를 조금 긁어도 딱지를 끊어도 졸음쉼터에서 잠시 쉬어도 괜찮다고, 너의 곁에는 항상 든든한 엄마, 아빠가 있다는 안정감만 주면 된다. 그렇게 부딪히고 놀다가 돌아왔을 때 우리 부모는 아이를 꼭 안아주면 된다.

말이 쉽다고 할 것이다. 나도 8살, 6살 두 아들을 키우는 엄마로서 쉽지 않다. 하루에도 몇 번씩 목청이 오르락내리락한다. 하지만 노력한다. 알고 노력하느냐 하는 것과 모르고 그냥 방관하느냐 하는 것은 크게 그 결과가 다르다. 감정이야 이렇게 보듬는다고 하지만 학습의 공백에 대해서 많이 걱정한다.

일단 과외를 추천하지만, 과외도 아이와 성향이 맞는 선생님을 만나기가 쉽지 않다. 차선으로 권하는 건 아이의 부족한 부분에 해당하는 단원의 연산 교재를 풀리는 것이다. 초등은 연산이 대부분이기 때문에 연산만 어느 정도 해도 다음 교과 진도를 따라가는 데 무리가 없다.

공부 습관 확실히 다지는 요령

2019년 겨울 어느 날, 몇 주면 끝날 것 같았다. 몇 달만 더 참으면 될 것 같았다. 올해 안엔 끝나겠지 했었다. 어느덧 2021년 여름이다. 코로나 19(COVID-19)가 우리 생활을 이렇게 크고 깊게 오래 바꿔놓을 것이라고 나도, 우리 주변 사람도 생각하지 못했을 것이다.

그리고 많은 전문가는 이야기한다. 앞으로 미래에는 바이러스로 인한 질병이 꾸준히 나타날 것으로 보고 코로나19의 종식이라는 것은 없다고 한다. 그러한 이유로 백신을 맞고 지금의 독감처럼 공존하는 방법으로 가고 있다.

어느 정도 사회적으로 안정화가 되어 사회적 거리두기가 1단계 이상 완화된다고 한들, 1, 2년 동안 바뀐 교육 시스템이 다시 이전으로 모두 돌아가지는 않을 것이다. 물론 아이들이 학교에 가야만 꼭 배울 수 있는 것들이 존재한다.

학교라는 공동체 속에서 여러 사람과 어울리며 배워나가는 것들이 있다. 이 지구, 이 사회는 나 혼자만 살아가는 것도 아니고 살아갈 수도 없다. 누군가와는 공존하며 살아가야 한다. 아무리 코로나로 사람과 사람의 대면 접촉이 줄어들어, 줌 수업, 메타버스 시장이 커져도 그 속에는 휴먼, 사람들이 존재한다.

아이들이 정체성을 하나하나 쌓아가야 하는 시기에 본인과 분리되는 듯한 느낌, 또는 너무 하나 되는 듯한 느낌으로 가상공간에서의 정체성에 대해 혼란이 있을 수 있다. 아이들에게 이런 혼란이 오지 않도록 '정체성 찾기'를 강조해야 한다.

이렇게 사회 환경에서 아이들이 커갈 때 적절하게 주변과 잘 융화되면서 크게 모나지도 않고 한편으로는 자기주장은 이야기할 줄 아는 아이. 우리 부모들은 이런 아이들을 바란다.

이러한 것을 우린 통상 가볍게 사회성이라고 이야기한다.

"이 녀석은 사회성이 좋은데, 나중에 커서도 직장생활 잘 하겠어."

"사회성이 좋아서 커서 뭘 해도 잘할 거야."

이런 말로 사회성이 좋은 아이는 성적은 조금 부족하더라도 인간성도 좋고 적응력도 좋고 사람들과 잘 어우러지는 아이들이다.

학교에서 배우는 것은 사회성만 있을까? 여러 가지가 더 있지만 내가 중요하게 생각하는 것 중 사회성과 더불어 습관을 이야기하고 싶다.

1학년 아이들이 학교에 처음 입학했을 때 제일 힘들어하는 부분이 무엇일까? 한글? 친구 관계? 화장실 다녀오는 문제? 식사 문제? 공교육에 계신 선생님들께서 제일 힘들다고 하는 부분은 수업시간에 불쑥불쑥 일어나서 움직이는 아이들이라고 한다.

나도 저학년 수업을 할 때 기존 고학년 학습법과 다르게 많이 공부했던 기억이 있다. 6, 7세, 초등저학년 학생들의 집중 시간은 20분 내외이다. 물론 좋아하는 블록을 맞춘다거나 미디어를 볼 때는 시간 가는 줄 모르고 빠져 있다. 참고로 TV나 핸드폰에 빠져 있을 때 뇌의 기능은 우리가 학습할 때 집중하는 뇌의 그것과는 다르다. 뇌가 멈춰져 있는 것이다.

이렇게 20분도 앉아 있기 힘든 아이들이 초등 1학년이 되어서 교실에 가만히 앉아 40분 동안 집중한다는 것은 곤욕이다. 집중은커녕 가만히 앉아 있는 것, 그 자체가 아이들에게는 고통인 것이다.

그래서 나는 저학년 수업 때 여러 과목을 10분에서 15분 단위로 나눠서 공부하고는 했다. 아이들은 각각의 집중력을 잘 발휘해서 40분 정도는 잘 앉아 있을 수 있었다. 그 뒤로는 몸이 기억하고 앉아 있는 것이다.

8세 아이가 40분 동안 같은 자리에 앉아 있다는 것은 하루 이틀에 갑자기 할 수 있는 부분이 아니다. 거의 불가능하다. 하지만 처음부터 40분의 시간을 욕심을 내는 것이 아니다. 10분, 15분씩 집중시간을 늘려주는 것이다.

처음 학교에 가는 아이들에게는 학교에서 현실적으로 부딪히는 문제를 알려주고 해결 방안을 인지하게 해주어야 한다. 그런데 어머님들과 상담하다 보면 오히려 학습적인 부분만 염려하는 경우가 더 많다.

학습은 나중이다. 일단은 아이가 학교에서의 생활이 편해야 한다. 유치원에서는 활동 중간에 화장실도 가고 본인의 불편한 부분들을 바로바로 해결할 수 있지만, 학교는 아니다. 여러 명이 함께하는 단체생활 속에서 조금씩 절제하는 방법을 배우는 것이다.

물론 유치원에서 학교에 입학하기 몇 달 전부터 학교생활을 연습한다. 이 연습과 더불어 부모님은 학습적인 것보다 아이의 학교생활에 초점을 맞추고 이야기해주는 것이 중요하다.

그래서 나는 초등학교 1학년 아이들이 학교에 갈 때 강조하는 3가지가 있다.

첫째, 한글을 완벽하게 쓸 줄은 몰라도 낱글자 정도는 읽고 쓸 수 있을 정도의 실력으로 입학하게 한다.

둘째, 스스로 대변을 닦는다.

셋째, 40분 동안 앉아 있는 연습을 한다.

저학년 때는 공부도 중요하지만, 생활 습관들을 연습하고 점점 학년이 올라갈수록 저학년 때 잘 다져놓은 생활 습관들을 기반으로 공부 습관들도 하나둘씩 쌓아가는 것이다. 생활 습관이 제대로 잡혀 있지 않은 아이들에게 공부 습관 잡기는 여간 힘든 것이 아니다. 생활 습관이 잡히고 공부 습관이 어느 정도 잡혔다면 그때 나만의 공부 방법들을 찾아서 공부하는 것이다.

우리가 생각하는 이전의 공부 방법은 무조건 엉덩이 싸움이 최고라고 한다. 틀린 답은 아니다. 하지만 같은 3시간을 책상 앞에 앉아 있다고 했을 때 나에게 얼마나 잘 맞는 공부법으로 효율성을 높이느냐가 이제는 관건이다.

잘못된 공부법으로 학년이 올라가면서 공부가 되든 안 되든 책상 앞에 오래 앉아 있으면서 하루에 4, 5시간씩 공부에 몰두한다. 무조건 외우고 무조건 풀고 이해가 가지 않는 문제나 개념도 일단 외운다. 이 얼마나 시간 낭비이며, 기운 낭비인가?

　요즘 부모들은 공부 습관의 중요성을 너무나 잘 안다. 이전의 공부처럼 무식하게 공부하는 것보다 뇌 과학의 법칙이나 아이의 공부 성향이나 기질 등을 고려하여 공부 습관을 만들어가는 것이 더 효율적이라는 것을 잘 알고 있다. 이 중요성을 더 강조라도 하듯 요즘 시중에 쏟아져 나오는 많은 육아서적과 공부법에 관련된 책들을 보면 공통적으로 공부 습관에 관한 이야기들이 나온다.

　때마침, 코로나19로 집에서 비대면 수업이 진행되면서 부모님들은 아이들의 수업 태도를 단적으로 볼 수 있었다. 충격이다. '우리 아이가 이렇게 산만하던가. 선생님 말씀을 듣긴 하는 건가. 설마 학교 수업에서는 아니겠지.'
　충격받는 것으로만 그칠 것이 아니라, 지금이라도 우리 아이를 돌아볼 수 있는 계기가 됨에 감사하자. 같은 노력을 해도 아이에게 더 효과가 나도록 아이의 공부법을 찾아주고 그 공부법으로 공부 습관을 차근차근 쌓아가길 바란다.

　공부하는 힘과 습관은 하루아침에 형성되지 않는다. 기초 학습 체력을 배양할 적절한 시기는 초등학교 때다. 중학교 이후 공부 흥미를 잃지 않고 실력을 쌓기 위해서는 초등학교 때 자기만의 방법으로 공부하는 습관과 공부 기술, 기본 역량을 꼭 기를 필요가 있다.

내 아이의 미래, 수학이 꿈을 키운다

다음은 미래와 관련된 기사들이다.

 2021년 7월 11일 오전 7시 40분경. 영국 괴짜 재벌, 세계적인 억만장자인 리처드 브랜슨 버진그룹 회장이 가족들과 자신이 소유한 기업인 버진 갤럭틱의 우주 비행선 VSS 유닛을 타고 우주 관광 시범 비행에 성공했다. "어렸을 때부터 이 순간을 꿈꿔왔다. 이 모든 것은 마법이었다. 새로운 우주 시대의 새벽에 오신 것을 환영한다."라고 말했다.

우주 관광 시대가 열렸다. 관광 비용은 한 사람당 3억 원을 호가하지만 이미 티켓을 구매한 고객은 700명이 넘었다고 한다. 그리고 내년부터 우주 관광 서비스를 본격적으로 시작한다고 한다.

메타버스(Metacerse)란 가공, 추상을 의미하는 메타(MEta)와 현실적이면서 긍정적인 세계관을 의미하는 유니버스(Universe)의 합성어로 3차원 가상세계를 뜻한다. 코로나19로 인한 비대면 서비스에 모두가 익숙해진 지금, 전문가들은 곧 우리가 가상세계에서 생활하게 될 것이라고 한다. 로블록스, 마인크래프트, 제페토 등이 요즘 즐겨 하는 플랫폼이다.

영국의 유력 경제지 이코노미스트는 세계에서 가장 값진 자원으로 '데이터'를 꼽았다. 세계 최대 인터넷 검색 서비스 기업, 구글(google)의 원래 이름이 구골(googol)이었다. 구골은 10의 100제곱수로 1 뒤에 0이 100개가 달린 거대한 수다. 수표에 잘못 사인하는 바람에 구글이라는 이름이 되었다는 사연이 있다. 1998년 회사 설립을 했던 구글 역시 데이터의 중요성을 알고 구골의 숫자처럼 방대한 빅데이터 수집을 목표로 했다. 데이터가 일정한 형태나 형식으로 비즈니스 세계를 지배하고 있다는 것이다.

스마트시티: 첨단 정보통신기술(ICT)을 이용해 도시 생활 속에서 유발되는 교통 문제, 환경 문제, 주거 문제, 시설 비효율 등을 해결하여 시민들이 편리하고 쾌적한 삶을 누릴 수 있도록 한 '똑똑한 도시'를 일컫는다.

우리가 어릴 적 상상했던 미래는 얼마만큼 현실 세계에 다가온 것일까? 그리고 그 속에서 우리 아이들은 무엇을 해야 하고 지금 무엇을 준비해야 할까?

2011년 교육부에서 스팀 교육을 강조하며 학교에 적용하였다. 2013년도부터 초등 1~2학년 교과서를 통합교과서(봄, 여름, 가을, 겨울)로 수업하고 있다. 그리고 기존 주입과 암기 위주 교육의 문제점을 개선하기 위해 체험, 탐구, 실험 중심의 수업방식을 도입하였다.

2016년부터는 모든 중학교에서 자유학기제를 실시하고 있다. 한 학기 동안 학생들이 시험부담에서 벗어나 토론, 실습, 진로 탐색 활동 등의 다양한 체험 활동을 할 수 있도록 하는 제도이다. 과목 간 경계를 넘나들며 특정 주제나 과제를 중심으로 하는 통합형 교육이다.

나는 몇 년 전에 교육을 받으러 갔다가 스팀 교육에 대해 알게 되었다.

스팀 교육에 대해 생소한 분도 계시겠지만 들어보신 분도 계실 것이다.

STEAM이란? Science(과학), Technology(기술), Engineering(공학), liberal Arts(인문), Mathematics(수학)의 약자로 과학기술에 대한 학생의 흥미와 이해도를 높이고 과학기술 기반의 융합적인 사고를 할 수 있는 미래 인재로 키워내기 위한 교육 프로그램이다. 미국, 영국, 독일, 호주, 캐나다 등의 세계 교육 선진국에서는 아이들이 유치원 때부터 고등학교까지 스팀 교육 과정을 배우고 있다.

STEAM교육을 통해 '창의융합형 인재'를 양성하려는 이유는 무엇일까?

한마디로 다 잘하는 아이. 하지만 이전과는 다르다. 주입식 교육을 통해 지식을 단순히 습득하는 것이 아니다. 과학과 수학이 중심 역할을 하면서 추가해서 인문이나 예술의 감각이 덧붙여진다. 그러면 학생들의 창의성과 문제 해결 사고력이 더욱 길러지기 때문에 여러 학문의 조화를 이루어낼 수 있다는 것이 이 교육의 핵심이다.

21세기 혁신의 아이콘인 '스티브 잡스'도 철학을 전공했다. 인문학과 첨단과학을 결합해 세계를 바꾼 것이다. 4차 산업혁명 시대는 다양한 지식을 융합하여 새로운 가치를 창출하고, 협력을 통해 분야 간의 연결점을 찾아 새로운 해결책을 만들어내는 창의적 능력을 갖춘 인재를 요구하고 있다.

'4차 산업혁명은 수학혁명이다.'

어느 신문의 기사 제목이다.

수학은 만국 공통의 약속된 기호와 정의로 표현된다. 실생활과 연계된 현상과 숨겨진 패턴을 수학적인 언어로 논리적으로 표현하는 언어이다. 그래서 수학을 잘한다는 것은 수학적 개념과 원리를 정확하게 이해하고, 일상생활과 접목하여 논리적인 사고의 과정을 통해 문제를 해결하는 능력이 우수하다는 것을 의미한다.

4차 산업혁명을 이끄는 인공지능 로봇, 빅데이터, 사물 인터넷, 3D프린팅. 드론, 무인 자동차, 스마트시티 등의 분야는 모두 수학과 정보통신 기술의 접목을 통해서 일상의 문제를 해결하는 것이라고 할 수 있다. 현대 산업에서 해결해야 하는 난제를 푸는 데 수학은 많은 뒷받침을 하고 있다. 수학이 미래에 이렇게 밀접하고 깊게, 중요하고 넓게 영향을 주는 부분에 자리를 잡고 있다.

꿈꿔왔던 미래가 현실로 눈앞에 펼쳐지고 있고 코로나19로 그 시기가 더 앞당겨져 왔다. 현실이 많이 바뀌고는 있지만, 아직 대학이라는 곳도 존재하고 아이들의 현실은 어제와 크게 다르지 않은 오늘이기에 크게 변화를 체감하지 못한다. 손바닥 뒤집듯이 변화가 온다면 우리도 그에 발맞춰 빠르게 대비하겠지만 교육이라는 큰 시스템이 한 번에 바뀌기란 쉽지 않다.

교육은 국가의 '백년지대계'라고 하지 않던가. 큰 틀에는 변화가 없겠지만 모든 것들이 미래를 향해가는 이 시점에서 우리도 그 변화에 대비하고 준비해야 한다.

세상이 이렇게 변한다고 해서 인공지능이 우리의 직업을 다 빼앗아 간다는 가짜뉴스들에 휩쓸려 먼 미래만 바라보며 우왕좌왕하는 것은 정답이 아닐 것이다. 불안해하며 아이와 혼란스러워하기보다는 지금 우리는 우리의 자리에서 할 수 있는 것들을 찾아야 한다.

그러면 나에게 오는 기회를 놓치지 않고 잡을 수 있다. 기회는 내가 준비되어 있을 때에만 잡을 수 있다. 아무리 기회가 마구잡이로 온다 한들 내가 준비되어 있지 않으면 무용지물이다. 우리는 그 준비를 지금 하고 있어야 한다.

지금은 정상이 정상이 되는 시대가 아닌, 비정상이 정상이 되는 시대이다. 즉, 뉴노멀(New Normal)시대에 우리는 살고 있다. 말 그대로 새로운 기준이 계속 생기는 것이다. 오히려 틀이 있고 기본에 충실히 하라는 대로 열심히 성실하게만 해서 성공하는 시대가 오히려 편했을지 모르겠다.

지금은 정답이 없는 시대이다. 내가 열심히 해도 그 '열심히'를 판단해줄 기준의 잣대가 없기에 기준만 있는 교육을 받던 아이들은 많이 어색해하고 자꾸 확인을 받으려 하고 주변의 눈치를 본다. 하지만 조금씩 자신의 능력을 키워간다면 오히려 눈치 보지 않고 본인의 기량과 재능을 마음껏 펼칠 기회가 온 것이기도 하다. 그렇다면 우리는 이 기회를 어떻게 잡고 이용할 것인지를 우리 아이들에게 어떻게 알려주어야 할까?

이것은 우리 부모들의 몫이 아닐까 싶다.

수학의 벽을 넘어야 미래가 보인다

"과거의 직업이 '근육'과 관계가 있었다면, 요즘의 직업은 '두뇌'와 관계가 있다. 미래의 직업은 '심장'과 관계가 있을 것이다."

— 미노체 샤피크, 런던 정치경제학교 학장

알파세대.

2011년 이후 출생한 밀레니얼 세대의 자녀를 알파(α)세대로 부른다. 태어날 때부터 디지털 환경에서 자라는 인류 최초의 세대.

우리가 지금까지 지나온 각 세대의 이름과 특징을 살펴볼까 한다.

중장년기에 디지털 시대를 맞이한 1955년~1964년생들을 베이비붐 세대(Baby boomers), 후천적으로 디지털기술에 적응해온 강한 개성의 1965년~1980년생들을 X세대(Generation X), 컴퓨터, 휴대폰의 발전을 경험해 온 과도기 세대인 1981년~1996년생들을 Y세대(Generation Y)라고 한다. 베이비붐 세대의 자녀들이 보통 Y세대에 해당하므로, 즉 부모와 자식 간의 사고, 문화의 차이가 큰 것은 당연하다.

그다음 세대는 Z세대(Generation Z)이다. 보통 X세대의 자녀고 1997년~2009년생들을 일컫고, 20세기 마지막에 태어난 세대로 현재 청소년기를 겪는 아이들, 즉 10살부터 갓 성인이 된 20대 초반이 바로 이 Z세대에 해당한다. 아주 어렸을 때부터 휴대폰과 디지털 환경에 많이 노출해 왔기에 SNS에 가장 친숙한 세대, 타인보다 나만의 가치관이 가장 중요한 세대라고 할 수 있다.

Z세대 이후의 현재 10세 이하의 아이들을 '알파세대'(Generation Alpha)라고 한다.

같은 시대에 살면서 공통의 의식을 가진 비슷한 연령대 등의 사람들을 세대라 하며 15년을 기준으로 구분하는데 그중에 2011년~2015년에 태어난 이들로 어려서부터 기술적 진보를 경험하며 기계와의 소통에 익숙한 2010년 이후에 태어난 세대를 지칭한다.

이들은 디지털과 글로벌 연결성으로 무장한 세대이다. 이들은 부모의 선택보다는 스스로 선택하여 소비의 주체가 되고 있어 전 세계 기업들은 알파 세대의 마음을 사로잡기 위해 집중하고 있다. 디지털 기기에 굉장히 익숙한 아이들이며 놀이를 학습으로 받아들이는 아이들이다. 이런 알파세대들이 사는 지금은 AI시대이다.

AI의 발전으로 인간의 삶은 편리해지고 풍요로워질 수 있지만, 유엔, 다보스포럼, 옥스퍼드 연구소 등 주요 전망 기관들은 AI의 발전으로 인해 2025년쯤에는 지금 존재하는 인간의 직업 50~80%는 사라질 것이며, 현재 초등교육을 시작한 연령대의 대략 65%는 아직 존재하지 않은 직업에서 일하게 될 것이고, 미국 일자리의 47%가 AI로 대체될 것으로 전망했다고 한다. 많은 전문가는 인간은 AI와 공존할 방법을 모색해야 하며 AI 기술이 따라올 수 없는 인간 고유의 능력을 갖춰야 한다고 입을 모으고 있다.

미래에 수학과 관련된 직업들에 대해서 몇 가지 소개해본다. 더불어 수학의 중요성도 함께 느꼈으면 좋겠다. 인공지능(AI), 빅데이터, 사물인터넷(IoT) 등 4차 산업혁명을 주도하려면 필요한 것은 첫째도 수학, 둘째도 수학, 셋째도 수학이다.

수학은 4차 산업혁명 시대에 일어날 혁신을 일으킬 보편적이고 강력한 도구이기도 하다. 수학은 응용 사고를 하기 위한 기초 원리를 배우는 학문이다. 4차 산업혁명 시대에는 지식의 총량이 많아지고, 새로운 지식이 계속 쏟아진다. 이 때문에 얼마나 많이 지식을 알고 있느냐보다는 복잡한 문제를 해결하고 새로운 방향을 설정할 수 있느냐가 중요해진다. 이때 필요한 것이 수학이다.

사실 사회생활을 하면서 미적분 문제를 풀 일은 거의 없다. 하지만 미적분과 같은 수학적 원리를 이해하고 있으면 IT·영화·경제 등 다른 분야에 적용해 새로운 기술과 제품을 개발하는 데 도움을 받을 수 있다. 4차 산업혁명을 가속화한 AI가 대표적 예이다.

AI 하면 떠오르는 것은 이세돌 9단을 꺾은 구글 딥마인드의 바둑 AI '알파고'이다. 이를 움직이게 한 알고리즘(문제를 해결하기 위한 명령의 구성과 절차)의 기반이 되는 것은 수학이다. 딥마인드는 수학을 기반으로 바둑 대국에서 나올 수 있는 경우의 수를 계산했고, 이를 알파고가 학습해 승리했다.

영화계에서도 수학은 많은 영향을 끼치고 있다. 애플 창업자인 스티브 잡스는 수학 인재의 중요성을 잘 알고 있었다. 잡스는 경영권 분쟁에 휘말려 자신이 만든 회사에서 쫓겨난 뒤 애니메이션 회사 픽사를 인수해 장난감들의 우정과 모험을 다룬 '토이 스토리'를 만들었다. 잡스는 '토이 스토리'를 만들기 위해 애니메이션과 전혀 상관없어 보이는 수학자들을 대거 고용했다. 3차원(3D) 장편 애니메이션 '토이 스토리'에는 치밀한 수학 공식이 적용됐고, 손으로 그린 그림보다 부드럽고 생생한 영상이 등장했다. 결과도 성공적이었다. '토이 스토리'는 전 세계에서 3억 6,200만 달러의 흥행 수입을 올렸다.

수학자들은 수학에 기반한 컴퓨터 그래픽(CG)을 이용해 3D 애니메이션 기법을 연구했다. 이들은 작가들이 그린 그림을 수식으로 변환했다. 다음엔 미분 공식을 사용해 인물이나 배경 그림을 확대해도 선명한 그림이 만들어지게 했다. 수학 공식을 이용해 하나의 그림을 늘어나게 하거나 줄여 다양하게 표현할 수 있도록 한 것이다. 덕분에 제작 기간과 투자비를 줄인 '토이 스토리'가 탄생했다.

잡스가 불어넣은 '애니메이션계 수학' 바람은 픽사를 인수한 디즈니에도 이어졌다. 디즈니가 만든 영화 '캐리비안의 해적'에 나오는 거대한 파도는 CG로 만들었다. 공기나 물의 흐름을 분석하는 수학 공식을 CG에 적용해 파도가 소용돌이치는 모습을 실감 나게 표현했다.

미네르바대학처럼 캠퍼스가 없는 학교들도 점점 더 많이 생겨날 것이다. 그럼 그럴 때마다 우리 아이들은 또 입시전쟁을 치르듯이 원하는 목표를 두고 플랜을 짜고 전략을 짜고 그 목표를 향해 또 전력 질주를 해야 하는 걸까.

지금까지는 대학이라는 곳에 들어가기 위해 발버둥치지만 향후 몇 년만 지나도 대학이 지금과 많이 바뀔 것이다. 대학이라는 공간이 아닌 다른 곳에서 우리 아이들이 꿈을 펼치고 대학은 진정 공부를 원하는 아이들이 공부를 할 수 있는 공간이 되기를 바란다.

중요한 건 수학에 대한 태도이다

"아이들은 공부를 해서 행복한 것이 아니라 행복해야 공부를 한다."

우리 어른들은 수학에 대하여 긍정적인 생각보다는 부정적인 생각이 많다. 부모님과 상담을 진행할 때 "수학은 너무 재미있어요." 혹은 재미 비슷한 단어를 들어본 적이 거의 없다. 그건 부모의 기억에 남겨진 수학이 즐겁고 재미있지 않았던 탓이다. 문제가 잘 풀리지 않아도, 성적이 좋지 않았더라도 즐겁게 공부했던 기억이 없는 것이다.

공부는 공부했을 때의 느낌을 기억하는 것이다. 그 원동력으로 앞으로의 평생 공부를 한다. 그런 공부를 우리는 성적이라는 잣대에만 맞추다 보니 공부에 대한 감정은 온데간데없다. 그저 하기 싫고 지루하고 언제 끝날지 모른다. 도망가기 바쁘고 도망가다 도망가다 잡히면 부모와 싸우고…. 이것이 진짜 모두가 원하는 공부는 아닐 것이다.

그러나 이러한 인식을 갑자기 바꾸는 것이 그리 쉬운 일은 아니다. 그래도 우리 자식들에게는 '수학은 즐거운 거야.'라고 수학에 대한 긍정적인 감정을 심어주고 싶어 한다. 하지만 수학을 두려워하는 부모의 본심이 툭툭 튀어나오고 만다. 아이러니하다. 우리 아이는 안 그랬으면 하는데 어느 순간 내가 우리 아이에게 그런 모습을 보여주고 있다니.

부모는 아이들이 우리처럼 수학을 싫어하지 않았으면 하는 마음과 염려로 아이를 대한다. 그 방법은 여러 가지로 표출이 된다. 아이들이 수학을 어렵게 받아들이지 않고 생활 속에서 자연스럽게 받아들였으면 하는 마음에서 유아 때부터 여러 교구를 사들인다. 초등학교도 가기 전에 한글 공부도 하지만 사고력 수학이나 수학 동화 등으로 수학과 친숙하게 한다. 상담을 오시는 어머님 중에는 수학 교육의 현장에 있는 나보다 많은 정보를 알고 계시는 분도 계셔서 놀라는 일도 있다.

초등학교에 들어가면 홈스쿨링으로 집에서 연산도 하고 문제집도 푼다. 부모들의 열정은 대단하다. 그런데!! 어느 순간 아이들을 보면 다들 학원에 가 있다. 학원이 나쁘다는 것이 아니다. 엄마와 꾸준히 수학 공부를 이어나갈 것 같았는데, 결국 학원이 답이었던가?

사실 엄마표 수학을 하시는 부모님들과 이야기를 나누어보면 지향하는 부분은 크지 않았다. 아이들이 수학을 싫어하지 않고 공부 습관을 잘 잡아서 스스로 공부하는 아이가 되는 것이었다.

그런데 어느 순간 부모와 아이의 뜻이 어긋나기 시작한다. 부모는 그동안 아이에게 공든 탑이 무너지고 아이는 학원에 내몰리고 있었다. 학원이 딱히 답은 아니었지만, 우리 주변에 흔히 있기에 아이를 마냥 놀릴 수는 없어서 안심의 차원에서 일단 보낸다.

엄마표 수학으로 모르면 몰랐겠지만, 나선형 수학의 특성을 더욱이 잘 알아버렸기 때문에 1년의 공백, 6개월의 공백이 얼마나 큰지도 너무나 잘 알아서 조급하게 된다.

열심히 잘해오던 부모님, 잘 따라와준 아이. 결과는 학원이라는 점에서 안타깝다. 학원이 나쁘다는 것은 아니다.

100℃의 끓는점을 앞두고 99℃에서 멈춘 느낌이다.

엄마표 영어는 많이 하고 많이 성공한다. 그런데 엄마표 수학은 많이 하는 것에 비하여 성공이 적다. 왜 그럴까? 이 현상 또한, 나는 부모님들의 수학 공포증에 그 원인이 있다는 생각이 든다.

엄마표 영어와 엄마표 수학을 잠시 이야기해보겠다. 어른이 돼서도 영어학원에 다니며 "영어는 우리의 평생 숙제다."라며 이야기하지만, 수학을 보고 "수학은 우리의 평생 숙제다."라고 이렇게 이야기하지 않는다. "나 학교 다닐 때 수학 잘했는데, 못했는데."라던가 "난 수학 너무 싫어." "난 수포자야." 등의 이야기를 한다.

영어는 미래형의 이야기인데 수학은 과거형의 이야기이다. 수학은 과거에 머물러 있는 것이다. 단기적인 안목으로 봤을 때 수학은 실용적인 학문이 아닌 것처럼 보이고 스무 살 이후에는 관련 학과가 아닌 이상 수학을 할 이유가 없는 것이 우리의 현실이다.

그렇게 우리 어른들은 수학과 점점 멀어져왔다. 그러다가 결혼을 하고 아이를 낳고 아이들이 자라면서 생각을 한다. 내가 걸어온 길 중에서 우리 아이만은 걷지 않았으면 하는 길들은 하나씩 있을 것이다. 그중에 싫었던 수학이 기억이 나고 어떻게 하면 우리 아이는 나처럼 수포자가 되지 않고 수학을 좋아하고 잘하거나 혹은 싫어하지 않는 사람이 될 수 있을까 하고 바람을 갖는다.

그 마음과 바람으로 엄마표 수학을 시작한다. 처음에는 잘 된다. 아이를 위한 마음이기에 계획도 짜고 공부도 하면서 잘 진행을 해나간다. 그러다가 종종 벽에 가로막히기도 한다. 아이와 부딪히게 되는 경우도 생기고 부모님 스스로 한계를 느껴 좌절하는 경우도 있다. 그때 그동안의 수학에 대한 부모님의 본심이 나온다.

'나도 수학머리가 없는데 우리 아이라고 수학이 될까? 관두자.'

부모님들과 상담을 해보면 초등저학년 때까지는 홈스쿨링이 가능했다고 한다. 고학년이 되면서 힘드시다고 한다. 아이가 크면서 사춘기도 오고 공부하기도 싫어한다. 또 부모님은 부모님의 나름대로 가지고 있는 콤플렉스로 아이의 학년이 올라갈수록 본인이 수학을 잘하지 못하여 가르쳐주지 못할 것이라는 판단을 하시는 것이다. 이런 사례를 많이 봤다.

처음엔 엄마의 열정과 아이의 똘똘함으로 아이의 등을 격려하며 잘 진행해나간다. 이때 중요한 것이 있다. 정서적으로 아이와 잘 교류하는 것을 절대 잊어서는 안 된다. 수학 문제 안 풀었느니 하면서 안 좋은 말들이 오고 가며 감정이 상하는 일이 시작된다면 나는 엄마표 공부는 잠시 중단하고 아이의 마음 공부를 하기를 부탁드린다.

공부야 마음만 먹으면 언제든지 할 수 있다. 하지만 아이의 마음은 그 순간순간이 아니면 다시 돌아오지 않는다. 그것들을 기억해야 하는데 아이가 잘하다 보니 부모의 욕심은 점점 커지고 아이는 점점 지친다. 부모와 아이 사이의 골이 생기는 것이다. 아이와 부모는 대화마저 단절되어 학원에 오는 경우를 자주 본다. 이대로 아이가 공부를 포기하게 둘 수 없기에 부모는 급한 마음에 학원으로 방향을 전환하는 것이다.

나는 부모님께 간곡히 말씀드린다.

"아이에게 공부에 대해서는 한마디도 하지 마세요. 공부 말고 다른 대화를 많이 하세요."

상담 후 할 말이 많을 줄 알았던 부모님은 순간 당황하신다. 학교에서 돌아오면 "오늘 영어학원 갔다가 수학 학원 가는 거 알지? 숙제는 다 했어? 어제 테스트 점수는 나왔어? 배고프면 학원 가면서 햄버거 먹자." 등 학원을 기준으로 물어보는 내용이 아이에게 했던 말의 대부분이다.

아이에 대한 예민함이 깊어지면 정확한 시야로 판단하기보다는 작은 일도 크게 바라보게 되고 거기에 따른 불필요한 생각과 행동이 섞이게 된다. 그래서 아이에게 필요 없는 잔소리를 하게 되는 것이다.

수학에 대한 태도, 마음가짐으로 여러 이야기를 했지만 내가 하고 싶은 말은 단 하나이다.

공부에 대한 마음가짐을 부모와 아이가 조금씩 바꾸어나가면 공부에 대한 전반적인 태도도 좋아지고, 수학 공부도 즐겁게 해나갈 수 있다.

기초 개념과 원리는 확실히 잡는다

아이와 함께 큰마음을 먹고 수학 공부를 시작한다. 어디서부터 어떻게 시작할지 몰라서 네이버 검색창에 수학 공부, 수학 공부법, 수학 공부 잘하는 법, 수학 문제집 추천, 수학 인터넷 강의 등의 키워드를 친다. 수학을 잘할 수 있는 여러 가지 답변들이 나온다.

문제를 많이 풀어야 해요. 습관이 중요해요. 엄마표 수학을 해야 해요. 선행학습을 해야 해요. 사고력 수학. 교구 수학. 하브루타 등 그중에 공통적으로 많이 나오는 단어가 있다.

바로 '개념'이다. 개념이 중요하다고는 하는데 개념이란 무엇일까? 사전적 의미의 개념이란 어떤 사물이나 현상에 대한 일반적인 지식을 일컫는 말이다. 말의 뜻이 어렵다. 그래서 나는 아이들이나 학부모님들과 상담할 때 개념을 쉽게 이렇게 이야기한다.

'각 단원의 소단원들의 제목을 개념이라고 합니다.'

초등학교 6학년 2학기, 5단원, 원의 넓이에 관해 수업할 때 있었던 일이다.

"얘들아, 원이 뭘까?"
"동그란 거요."
"완전 똥그란 거요."
"그럼 길쭉한 원도 원이라고 할 수 있을까? 길쭉한 원은 다른 말로 타원이라고도 해."

타원이라는 단어에 원이 들어가니까 원이 될 거 같기도 하고 아닌 것 같기도 하고 아이들은 고개를 갸웃거린다.

원의 정의는 이렇다. 평면에서 한 점으로부터 일정한 거리에 점을 모두 모아 놓은 집합을 원이라고 한다. 그렇다면 타원은 당연히 원이 아닌 것을 알 수 있다. 타원에는 한점에서 짧은 거리도 있고 긴 거리도 있기 때문이다. 더불어 타원의 한자가 지닌 의미를 보면, 타원(楕:길쭉할 타, 圓:둥글 원) 길쭉한 원이라는 뜻이다.

사실 개념과 정의는 엄연히 다르다. 정의는 어떠한 단어의 뜻이라면 수학에서 말하는 개념은 추상적인 생각을 스스로 머릿속으로 생각해야 하는 것이다. 하지만 내가 지금껏 수학을 가르쳐본 결과 정의로 개념에 접근하여 그 뜻을 개념으로 점점 확장해주는 방식이 아이들이 이해를 제일 잘한다.

여기서 잠깐!

나는 아이들에게 개념 설명을 할 때 수시로 한자를 공부하라고 이야기 한다. 2급, 1급이 목표가 아니라 4급이나 준 4급 정도의 실력까지만이라도 한자 실력을 천천히 다져놓는 것이 좋다고 말한다.

방금 타원이라는 뜻에서도 봤듯이 타원의 한자를 정확히 쓸 줄은 몰라도 '타'자가 길쭉할 타에 '원'이 둥글 원이니까 길쭉한 원을 타원이라고 하는구나 하고 이 정도까지만 알면 된다. 우리말의 70% 이상이 한자어라는 것은 우리가 흔히 아는 상식이다. 아직도 생활 곳곳에 한자가 많이 쓰이고 있다. 물론 한자를 모르고도 살아갈 수 있지만, 한자를 알고 살아간다면 단어나 어휘의 뜻들을 더 쉽고 정확하게 이해할 수 있다. 이것은 국어 시간에 더 큰 도움을 받는다. 국어책이나 일반 책들, 나아가 중고등학교에 올라가면서 사회나 과학 교과서에는 뜻 모를 어휘들이 많이 나온다. 이 어휘들의 모든 뜻을 정확히 파악하며 책을 읽을 수는 없다. 글의 문맥상 '이런 뜻이구나.' 하며 글을 읽어가는 것이다. 그럴 때 한자를 배운 아이라면 한자의 음과 뜻으로 글의 단어를 유추하고 문맥을 이해하는 데 도움을 많이 받을 수 있다.

고등학교 1학년 수학 첫 단원 집합을 수업할 때도 나는 집합의 정확한 뜻을 아이들에게 묻는다. 앞으로 교집합, 공집합, 합집합, 무한집합 등 여러 집합을 배우는데 집합의 정확한 정의도 모른다는 것은 말이 안 되는 것이다. 고1 아이들이라고 크게 다르지 않다.

"얘들아, 집합이 뭘까?"
"모여 있는 거요."
"모여 있는 걸 다 집합이라고 한다? 그럼 잘생긴 사람들의 모임도 집합이라고 할 수 있을까?"

아이들은 책을 내려다본다. 그렇다고 하는 아이들도 있고 아니라고 하는 아이들도 있다.

"일반적인 사전적인 의미의 집합은 '사람들이 한곳으로 모임'이라는 뜻이 있어. 한자 뜻으로 모을 집, 합할 합이야. 하지만 수학적 의미의 집합은 같은 성질을 가진 대상들의 모임이야. 여기에서의 성질이란 우리가 객관적으로 너도, 나도 명확하게 구별할 수 있는 것을 말해. 그렇다면 아까 말한 잘생긴 사람들의 모임은 집합이라고 할 수 있을까?"

"아니요."

"맞아. 집합이 아니야. 잘생겼다는 기준이 명확하지 않으니까. 그럼 선생님을 좋아하는 학생들의 모임은?"

아이들은 웃으며 장난을 친다.

"아아~ 뭐야~~~"

"너희들이 나를 좋아해서 모임을 만들고 싶지만, 너무 많아서~. 하하, 농담이고! 나를 좋아하는 사람과 좋아하지 않는 사람으로 나눌 정확한 기준이 없어. 좋아하는 마음은 바뀔 수 있고 경배는 선생님을 좋아한다고 하는데 동기가 봤을 땐 경배보다 성학이가 선생님을 더 좋아하는 것으로 보일 수 있는 거야. 사람마다 판단이 다른 거지. 그래서 집합이 아니야."

"그럼 좋아하는 조건을 달면 되는 거예요?"

"빙고. 어떤 조건을 달아볼까? 우리가 누군가를 좋아하면 만드는 모임이 있지. BTS 하면 아미가 있듯이."

"팬클럽?"

"선생님을 좋아하는 팬클럽 모임."

"아~ 뭐야~~"

"너무 좋아하는 거 아냐? 이건 팬클럽이라는 조건이 있어서 가능하지. 그 팬클럽에 동기, 경배, 성학이가 있다고 치자. 이 각각을 우리는 원소라고 부를 거야."

이렇게 개념을 하나하나 아이들과 쌓아가며 확장해간다.

2015년 교과서 개편으로 중학교 1학년 과정에 있던 집합이 빠졌다. 교과서 개편 전까지 중1 집합이든 고1 집합이든 이런 식으로 설명해주었다. 그럼 아이들은 곧잘 이해했었다.

물론 깊이의 차이는 있었지만, 개념의 이해는 하나이다. 나는 나만의 개념 설명하는 방법이 있다. 쉬운 예시를 들어가며 서서히 확장하면서 쉽게 이야기해준다. '고등학교 개념이라도 초등학생들도 이해할 수 있도록 쉽게 설명하자.'가 내 목표였다.

개념과 원리는 수학을 배우는 데 있어서 기본이다. 혹자는 문제를 풀다 보면 개념이 이해된다는 사람들도 있다. 그것은 개념이 이해되는 것이 아니라 문제를 암기하는 것이다. 여러 문제를 풀다 보면 여러 유형을 익히게 되고 반복되는 패턴의 문제 푸는 방법을 습득하는 것이다. 그래서 조금만 문제가 바뀌어도 어려워서 풀지 못하는 이유가 여기에 있다. 물론 방대한 양의 문제들로 유형을 익히면 가능하다.

또 하나 개념을 익히는 방법으로 각 단원의 단어 뜻을 정확하게 이해하는 것이 있다. 확인은 직접 설명해보는 것이다. 그리고 쉬운 예제문제를 바로 적용해서 풀어본다. 그것이 개념을 익히는 것이다. 그렇게 해서 개념이 완전히 이해되면 쉬운 문제들부터 풀어본다. 그럼 문제들의 원리가 보인다.

수학을 아이들에게 이해시키는 데 있어서 많은 선생님의 고견들이 있고 의견들이 다른 경우도 많다. 여러 문제를 풀면서 그 원리를 파악하고 개념을 익히게 하여 확장해나가는 방법도 있고, 사고력 수학이라 하여 서술형 문제, 심화 문제의 중요성을 강조하는 선생님들도 계신다.

어떤 방법이 옳다, 그르다 하고 말할 수 없다. 모두 아이들이 수학을 잘했으면 하는 마음이라 생각하기 때문이다. 다만, 나는 아이들이 흥미를 잃지 않고 수학에 접근하기를 원한다. 그리고 개념을 익히는 과정도 어려울 수 있지만, 선생님이라는 '나'를 매개체로 아이들에게 최대한 쉽게 전달해주고 싶다. 그래서 그렇게 흥미와 원리로 다져놓은 개념으로 고등학교 수학 공부 때 꽃을 피웠으면 하는 바람이다.

- 7 -

수학을 잘하는 사람은 타고난 사람이다?

맞다. 지금까지 만났던 아이 중에 많지는 않았지만 유독 똑똑했던 아이들이 있었다. 그중 '척' 하면 척, 하나를 알려주면 열을 아는 영재 아이도 있었다.

똑똑한 아이 중에는 아이마다 결이 다르다고 해야 할까? 어렵지 않게 각 단원의 개념들을 이해하고 개념을 이용하거나 본인의 생각으로 문제를 술술 푸는 수학적 센스가 있는 아이가 있다. 반면에 수업 태도부터 다르고 오답 노트도 스스로 하고 예습 복습도 하며 수업시간에 일분일초 놓치지 않고 수업을 듣는, 노력형의 아이도 있다.

주변 선생님들과 타고난 아이와 노력형 아이를 두고 이야기를 나눈 적이 있었다. 수업을 가르칠 때 어떤 아이와 수업할 때 더 재미있는지, 앞으로 어떤 아이가 더 기대되는지, 잘하는 아이들이다 보니 우리가 놓치고 있는 부분은 없는지, 농담 섞인 말로 나중에 아이를 낳으면 둘 중 어떤 아이가 좋을지 등등.

타고난 아이와의 수업은 서로 즐기며 살짝 코칭해주기만 해도 아이가 알아가는 즐거움을 느낀다. 아이가 스스로 자유롭게 생각하고 함께 수업을 만들어가는 느낌이라고 한다. 반면에 노력형 아이와의 수업은 노력하는 아이들을 더 디테일하게 봐주고 아이가 원하는 방향으로 잘 이끌어주며 보람을 느낀다고 한다.

정답은 없다. 나와 맞는 선생님과 나와 맞는 공부법으로 공부하는 것이 제일 중요할 뿐이다. 그보다 더 중요한 것은 아이가 원하는 것이다. 다행히도 전자의 아이든 후자의 아이든 자기와 맞는 선생님과 함께 공부하는 것은 행운이 따른 것이다. 그런데 맞지 않는 선생님과 공부를 하는 것은 아이도 선생님도 힘들다. 더군다나 공부 습관들도 함께 잡아가는 초등 저학년 때는 선생님이 정말 중요하다. 부모는 곁에서 아이를 수시로 잘 보면서 아이의 감정 상태를 잘 읽어 아이에게 맞는 교육 환경을 만들어줄 의무가 있다.

나는 공부방을 하면서 아이들에게 한글과 수학을 가르쳤다. 주변에서는 당연히 여덟 살, 여섯 살인 우리 아들들은 한글을 유창하게 읽고 쓸 수 있을 것으로 생각했다.

나의 큰아들 시윤이는 낱글자만 어느 정도 읽을 줄 아는 상태에서 올해 초등학교 1학년이 되었다. 한글을 천천히 공부한 이유는 내가 바쁜 이유도 있었다. 또 나름의 생각도 있었다. 그리고 워낙 성격이 모범적이고 성실한 아이라서 학교 수업만으로도 충분할 것으로 생각했다. 그리고 저학년이기 때문에 학습의 속도는 그렇게 중요하게 생각하지 않았었다.

그러던 어느 날, 학교에 다닌 지 3~4개월 흐른 뒤였다. 같이 잠자리에 누워 두런두런 이야기를 나누던 중에 이런 이야기를 했다.

"시윤아, 학교 공부하는 건 재미있어?"
"응, 근데 맨 뒤에 앉아서 칠판이 잘 안 보여. 그래서 친구들이 하는 거 보면서 하는데 선생님이 '스스로 하세요.' 이렇게 이야기하셔."
"스스로 하기 어려워?"
"나만 한글 모르니까 그렇지. 나 애기 때로 돌아가고 싶어. 그때부터 한글 하고 싶어. 다른 친구들은 다 한글 잘하는데."

이렇게 말하면서 눈물을 뚝뚝 흘리는 것이었다. 심장이 쿵 내려앉았다.

'남편 말을 들었어야 하는 거였나? 내가 시윤이를 너무 방치한 건가?'

남편은 시윤이가 똑똑한 편이니까 뭐든지 빨리빨리 시켜주자는 주의였다. 한글도 어렸을 때부터 해주고 영어나 중국어, 운동도 아이가 원하는 것 같다 싶으면 시켜주자고 자주 이야기를 했었다. 나는 반대했다. 아이가 원해도 나는 천천히 해주고 싶었다. 그리고 학원에 있으면서 많은 아이를 봐오면서 나만이 느낀 것이 있었다. 그중 하나가 '공부는 본인이 느껴서 해야만 하는 것이다.'였다. 나는 우리 시윤이가 무엇이든 강요가 아니라 스스로 느껴서 하는 아이가 되었으면 하고 바랐었다.

시윤이의 이런 반응은 충격이었지만 남편한테는 태연하게 이야기했다.

"공부도 느껴야 하는 건데 오히려 잘 됐어. 한글 공부를 해야 하는 필요성을 자기가 충분히 느낀 거 아니야. 지금부터 하면 되지 뭐."

말은 이렇게 했지만 불안했다. 나도 엄마가 처음이기 때문이다. 다음 날 바로 안과에 갔다. 여러 가지 검사 후 안경 쓸 정도는 아니라고 해서 다행이었다. 그리고 담임 선생님과 상담을 했다. 두 번째 상담이었다. 첫 번째 상담 때 나의 교육관을 말씀드린 적이 있었다. 선생님께서 기억하고 계셨다.

"한글은 아직은 수업 따라가기 힘들지 않을 정도면 된다고 생각해요. 학습적인 것보다는 학교생활을 즐겁게 했으면 좋겠어요. 수업을 버거워하는 모습이 보이면 연락 부탁드릴게요."

이렇게 말씀드렸었다. 어제 시윤이와 있었던 일을 말씀드렸다. 선생님께서 말씀하셨다.

"시윤이는 학교생활을 즐겁게 잘해요. 수업 태도도 좋고 성실하고 발표도 잘하고요. 친구들과의 관계도 좋고요. 한글을 읽고 쓰는 것이 자유로운 아이들은 반에 한두 명 정도 있고요. 나머지 친구들은 시윤이와 비슷해요. 수업시간에 배운 내용은 시윤이가 다 잘 이해하고 있어요. 받아쓰기도 조금씩 하고 있는데 잘하고 있어요. 시윤이가 성향이 잘하고 싶어 하는 아이라서 스스로 그렇게 느꼈던 것 같네요. 너무 걱정하지 않으셔도 되세요."

감사하고 다행이었다.

"급식 맛있었어? 선생님하고 어떤 이야기를 해? 질문도 해? 쉬는 시간
엔 친구들하고 뭐해?"

학교에서 돌아온 아이에게 내가 의식적으로 하는 말이다. 의식하지 않
으면 뻔한 말들이 나온다.

"선생님 말씀 잘 들었어? 친구들하고 싸우지 않고 잘 지냈고?"

나는 뻔한 말하는 뻔한 엄마가 되기 싫었다. 그래서 아이와의 관계가
특별했으면 좋겠다는 마음을 늘 갖고 있다. 그래서 웃기게 춤을 출 때도
있고 때로는 아이를 놀려서 아이가 울 때도 있다. 매일의 삶이 특별한 아
이가 인생도 특별한 인생을 살 것으로 생각하기 때문이다.

아이가 학교든 학원에서든 편하게 스스로 할 일을 하며 즐겁게 다녔으
면 좋겠다는 게 내 마음이었다. 큰아이는 잠이 많다. 학교에서도, 학원에
서도 수업시간에 종종 잠을 자는 걸 알고 있었다.

"잠들었는데 친구들이 '시윤아, 밥 먹어.' 그래서 깼어."

어느 날엔 더운 여름인데 긴 팔 바람막이 점퍼를 챙기는 것이다. 왜 챙

기냐고 물어보니 "영어학원에서 잠들었는데 추웠어."라고 웃으며 이야기한다. 자기도 이야기해놓고 웃긴가 보다.

한 시간의 수업도 당연히 중요하다. 하지만 어린아이가 스스로 부족함을 느끼고 이러한 행동을 하는 경험들이 더 소중하다고 생각한다. 누군가는 말할 것이다. 아이가 중고등학생인데도 그렇게 말할 수 있느냐고? 아직 가보지 않았지만, 나의 마음은 변함이 없다.

이건 부모마다 가치를 두는 기준이 다르기에 자신의 방법이 '맞다 틀리다'를 논할 문제는 아닐 것이다. 다만 지금의 나는 큰 틀에서만 벗어나지 않는다면 아이가 즐거운 것, 행복한 것이 제일 우선순위에 놓일 뿐이다.

수학머리를 타고난 아이든 느린 아이든 상관없이 우리 아이들은 모두 똑같다. 부모님의 충분한 사랑을 받을 자격이 있고, 즐겁게 공부할 자격이 있다.

상위 5% 정도의 아이들이야 공부 부분에서는 우리와 다르기에 논외로 둔다. 나머지의 아이들은 노력으로 충분히 1%도 될 수도 있고 반대로 하위 1%도 될 수 있다. 인간은 무한한 잠재력을 가지고 있다. 그 한계를 학교에서 가정에서 설정해놓기 때문에, 그 능력을 발휘하지 못하는 것뿐이다. 우리 아이들의 능력은 무한하다. 그 능력을 부모가 믿어준다면 아이는 그 능력 또한 맘껏 펼칠 수 있다.

예전에 책을 보다가 기억에 남는 제목이 있었다.

『바라지 않아야 바라는 대로 큰다』.

　바라지 않는 것처럼, 기대하지 않는 것처럼, 남의 아이를 기르는 것처럼 그렇게 길러보자.

놓아버린 수학, 다시 잡도록 만드는 법

"지금 시작하면 늦나요?"

고학년 아이들의 부모님과 상담할 때면 자주 듣는 말이다. 그럴 때면 나는 이렇게 말씀드린다.

"어머님, 늦는 건 없어요. 남과 비교하기 때문에 늦는 것이지, 우리 아이만 바라보고 우리 아이의 속도에만 집중하시면 문제 될 거 없어요. 단, 어제와 같은 오늘, 오늘과 같은 내일이 반복된다면 변화가 되지 않겠죠. 우리 아이가 바뀌고 우리 아이가 바뀔 수 있도록 주변 환경을 바꾸고 부모님이 도와주시면 속도는 중요하지 않다고 생각합니다. 인생은 속도가 아니라 방향이라고 하잖아요. 그 방향을 잡아야죠."

우리 어른들도 그러하듯이 방향만 잡으면 속도는 금방 낼 수 있다. 요즘 젊은 친구들이 자기의 꿈을 찾고 방황하는 과정들이 이 방향을 찾는 과정이 아닐까?

그 방향을 찾으려 방황을 하고 돌아오고 멈추고 같은 길을 반복하고 하는 것이다. 그런데 방향을 잡았어도 더 중요한 것이 남아 있다. 그 방향이 가리키는 대로 가기가 쉽지 않다는 것이다. 지금까지 내가 살아온 습관, 주변 환경, 나의 머릿속을 가득 채우고 있는 관념들로 인해서 인생의 방향을 찾아도 그 방향으로 가지 않고 그냥 익숙한 길, 사람들이 지나가서 길이 나 있는 길, 안전한 길을 택한다. 그만큼 변화란 쉽지 않다.

"새는 알을 깨고 나온다. 알은 하나의 세계다. 새로 태어나려는 자는 하나의 세계를 파괴해야 한다."

— 헤르만 헤세, 『데미안』

수학을 다시 시작하기에 늦은 나이는 절대적으로 없다. 고3에 시작해도 9등급에서 1등급은 어려울지 몰라도 2~3등급은 가능하다. 단, 절대적인 조건이 붙는다. 부모님을 포함한 주변의 강제성 없이 본인이 스스로 수학 공부를 해야 하는 필요성을 느껴야 한다. 그 마음가짐으로 반은 완성이다. 다음은 그때 부모님과 주변의 도움이 필요하다. 부모님은 공부할 수 있는 환경을 만들어주시는 것이 좋다. 아이를 왕처럼 떠받들라고 하는 것이 아니다. 집안 환경을 공부할 수 있도록, 습관을 잡을 수 있도록 도와주는 것이다. TV 시청을 줄이고, 부모님의 다툼도 줄이고, 지킬 수 있는 습관들을 2~3개 정도 냉장고에 붙여놓고 아이와 함께 집중해서 실천을 해보는 것이다.

중학교 입학을 앞두고 6학년 겨울방학 때 여자아이가 상담을 왔다. 테스트하면서 잠시 살펴보니 차분한 성격에 풀이 과정을 썼다 지웠다 하며 반복해서 하는 것으로 봐서 꼼꼼한 아이 같았다. 그리고 유독 긴장한 듯 보였다. 테스트 결과 겉으로만 공부를 잘하는 것처럼 보이는 아이였다. 수박 겉 핥기 식으로 공부를 한 아이였다.

단 한 문제도 100% 확신을 하며 푸는 문제가 없었다. 자신감도 없어진 것이다. 정확한 개념들을 익히지 않고 문제 푸는 기술만 익힌 것이 틀림없었다. 문제를 보고 '이 문제는 이렇게 풀었던 것 같은데 그거랑 비슷한 문젠가?' 확신 없이 문제에 접근해서 문제를 풀다가 선생님이 보시면 풀이 과정을 지웠다가 다시 풀고를 반복하는 아이였다.

어머님과 상담이 이어졌다. 다른 학원에 다녔었는데 상위권은 아니라도 중간 정도는 하는 줄 알고 계셨다고 하셨다. 학교에서 단원평가들을 봤을 때 성적이 좋지 않을 때도 있었지만 성적이 좋을 때도 있었고 아이에게 물어보면 대충 안다고 이야기했기 때문이었다.

그러다 중학교 입학을 앞두고 중학교 전문학원으로 옮기려고 테스트를 보던 중 충격을 받고 지인의 소개로 오신 거였다.

사실, 학원에 이런 아이들이 많다. 학원은 1대 다수의 수업이기 때문에 선생님들께서 개개인을 꼼꼼하게 봐주기란 쉽지 않다. 특히 대형학원들은 더 그렇다.

그래도 대형학원들의 커리큘럼은 여러 해 수업 연구를 통해 여러 학생의 신뢰를 얻고 있고 많은 아이가 선생님에 대한 신뢰를 바탕으로 대형학원 인강을 수강한다. 물론 코로나19로 인해 비대면 수업이 많아진 이유도 그 확산에 한몫을 차지한다. 하지만 인강 수업이나 학원 수업은 바로바로 복습과 함께 본인이 얼마나 이해하고 있는지 아웃풋이 중요한데 학원 수업은 아무래도 인풋 수업에 가깝다.

그래서 요즘 부모님들은 이런 부분들을 더 잘 아시기 때문에 과외나 소수정예로 수업하는 학원을 많이 찾으시고 또한 그렇게 운영되는 학원들이 많다. 그런데 아무리 소수정예 수업 혹은 과외라도 부모님은 아이 상태를 중간중간 확인할 필요가 있다.

그래서 부모님들은 한 학기가 끝나면 문제집 뒤에 있는 기말평가 정도는 꼭 봐주셔야 한다. 식을 어떻게 쓰는지 시간을 정해놓고 테스트를 한다. 그래야 아이의 실력을 정확히 알 수 있다.

위의 사례처럼 몇 년 동안 학원에 다녔는데 학원만 믿고 있던 아이와 부모님은 이제야 진실을 알고 멘붕이 온 것이다. 그동안의 시간을 어디서 보상받을 수 있을까. 아이의 자존감은? 그렇다고 아이를 수포자로 둘 것인가? 어머님은 다급한 마음에 나를 찾아오신 것이다.

일단 늘 불안한 마음으로 확신 없이 수학 문제를 풀어왔을 아이가 너무 안쓰러웠다. 초등학교 때는 자존감, 즐거움이 공부의 전부를 차지한다고 해도 과장된 말이 아닌데, 눈치만 보는 아이가 보기에 슬프기까지 했다. 도움을 꼭 주고 싶었다.

연산부터 다시 시작했다. 저학년 때 충분히 학습했어야 하는 연산이 무너지니 그 위에 탑을 쌓은들 무너지는 것이었다. 모든 연산을 다 하지 않는다. 두 자릿수의 덧셈과 뺄셈의 연산부터 시작했다. 그리고 수업 태도도 좋고 게다가 설명해주면 열심히 들으려고 노력하는 아이였기 때문에 구체적인 칭찬들로 아이를 대했다.

"요즘에 갑자기 공부량이 많아져서 힘들지? 연산도 하고 보충문제들도 풀고. 한 시간씩 일찍 오는 일이 쉽지 않은데 이렇게 성실하게 선생님이랑 공부하니깐 선생님은 너무 좋고, 고맙다. 우리 조금만 더 힘내자!"

아이는 쑥스럽다는 듯이 미소를 보인다. 그리고 명확한 개념이 서지 않았던 수학의 용어들에 대해서 나올 때마다 최대한 쉽게 이야기해주고 중학교 고등학교 때는 이런 식으로 확장이 된다고 이야기해주었다. 정확히 이해는 하지 못할지라도 전반적인 숲을 알고 산을 가는 아이와 나무만 보고 산을 가는 아이는 느낌이 다를 것이란 생각에 나는 수업시간에 전체적인 이야기를 많이 해주었다.

1년 정도 지나서 이 아이는 다른 곳으로 이사 갔다. 나와 함께 공부하는 동안 성격도 많이 밝아지고 공부에 자신감도 많이 생기고 기초도 많이 잡았다. 그리고 수학 성적은 80점대를 유지했다. 아이의 엄마께서 오셔서 감사하다며 떠나기 아쉬워하셨다. 나도 아쉬웠지만, 학원의 특성상 만남과 헤어짐이 잦다 보니 이제는 자연스럽게 받아들여야 하기에 웃으며 인사했다.

성적이 좋지 않은 아이들을 보면 크게 두부류가 있다. 자존감이 낮아져서 공부 자체가 싫고 공부에 진 아이들. 또 하나는 공부 말고 다른 것들, 노는 것이든, 게임이든 다른 것들의 재미를 느껴서 공부에 흥미를 느끼지 못하는 것이다.

이 둘은 엄연히 너무 다른 문제다. 늘 흥미롭고 호기심 많은 아이는 공부에도 흥미를 느끼게 해주면 된다. 물론 고학년이 될수록 그 흥미를 공부로 옮기기가 어렵기에 저학년 때 해주는 것이 좋은 것은 맞다. 하지만 고학년도 왜 해야 하는지 명확한 의미만 부여해주면 충분히 가능하다.

그런데 자존감이 낮아져서 공부가 싫어진 아이는 공부가 문제가 아니다. 아이의 자존감이 먼저이다. 자존감이란 단기간에 부모들의 폭풍 칭찬으로 높아지는 것이 아니다. 자존감에 대해서는 5장에서 다루었다. 꼭 한번 확인해보시기를 바란다.

놓아버린 수학을 잡도록 하는 가장 중요한 것은, 아이를 공부하겠다고 마음먹게 만드는 것이다. 마음을 먹으면 행동이 바뀔 것이고, 행동이 바뀌면 습관이 바뀔 것이고 습관이 바뀌면 인생이 바뀔 것이다.

그런데 아이 스스로 공부를 하겠다는 마음을 먹기가 어렵다. 그래서 우리 어른들이 아이들의 곁에서 동기부여를 해주고 따뜻하게 격려해주며 도와줄 필요가 있는 것이다.

4장

수학을 잘할 수밖에 없는
수학 공부법 7가지

문제집, 한 학기에 두 권이면 된다

15년 넘게 아이들과 공부를 해오면서 많은 아이를 만나왔다. 여러 아이들은 성격도, 좋아하는 것도, 공부 스타일도, 생각도 제각각이다. 그래도 공통된 한 가지가 있었다. 수학을 싫어한다는 것, 공부하기 싫다는 것.

반에서 1, 2등 하는 아이들도 이야기를 나누어보면 공부가 마냥 즐거워서 하는 것이 아니었다. 어렸을 때부터 해왔으니까, 부모님이 하라니까, 또 하다 보니 잘하니까, 스스로 할 만해서 하는 것이 공부였다. "공부가 정말 즐거워요, 배우는 즐거움은 말로 표현할 수 없어요."라고 이야기하는 사람은 학생들뿐 아니라 내 인생에서도 통틀어 5명도 채 안 되는 것 같다.

이렇게 공부하기 싫어하는 아이들을 데리고 수학을 공부하는 것은 아이들도 힘들고 부모님도, 선생님도 힘들다.

공부하기를 너무 싫어하는 아이를 안 시킬 수도 없지만 억지로 붙들어 놓고 시킬 수도 없는 노릇이다. 저학년 때야 부모가 하라는 대로 할지 모르겠다. 하지만 고학년이 되면서 본인의 생각이 자란다. 지극히 정상적이고 좋은 현상인 것이다. 본인의 생각이 자라고 자기의 생각이 맞는지 틀리는지 고민하며, 세상에서 친구와 선생님, 부모님과 이야기하고 때로는 싸우고 부딪히며 자아를 형성해간다. 사실 이 시기에 공부보다 아름다운 인성과 가치관을 쌓아가는 것이 더 중요하다고 나는 생각한다.

그래도 어쩌겠는가. 기본은 해야지. 내가 아이들이나 부모님과 상담할 때 이야기하는 부분이다.

'뇌의 가소성'이라는 말이 있다. 뇌의 신경망들이 외부의 자극 등으로 구조적, 기능적으로 변화하고 재조직되는 현상을 말한다. 더 쉽게 말하면 우리가 나이를 먹어도 뇌는 계속 변한다는 것이다. 이 변화의 속도와 정도가 성인이 되기 전 유아기~아동기, 청소년기에는 뇌가 끊임없이 성장하므로 매우 빠르고 크며 학습의 능력도 성인과는 비교가 되지 않을 정도로 높다. 이런 시기에 좋은 습관들과 더불어 좋은 학습 습관도 만들어가면 좋기에 초등학교 때의 공부 습관을 강조하는 것이다.

잘하는 아이들은 알아서 잘한다. 어느 학원에 가도 잘하고 어느 공부법으로 공부해도 잘하고 어느 선생님을 만나도 잘한다. 자신만의 공부법을 터득했기 때문에 어디를 가도 본인의 스타일로 공부하는 법을 찾은 것이다.

이런 아이들은 그래도 더 공부 효율을 낼 수 있도록 부모님이나 선생님들과 이야기를 자주 나누며 아이의 공부보다는 가벼운 말들로 아이와 소통하는 것이 좋다. 그 가벼운 말속에서 어른들은 관심을 두고 아이의 상태를 느끼면 된다.

아이와의 가벼운 소통 자체가 아이의 긴장을 늦춘다. 이야기를 나누다 보면 공부 외적인 다른 질문들로 아이의 공부 상태까지 파악해볼 수 있다. 시작은 가볍다.

"학교 쉬는 시간에는 뭐 해?"

"학교 끝나고 누구랑 같이 왔어?"

"남자친구는 있어?"

"선생님, 저 남자친구 없어요."

"요즘 공부하는 건 어때? 선생님은 중3 때 수학 답안지 밀려 썼는데 3

분 남기고 안 거야. 원래 바꿔주지 않는 거 알지? 빨리 쓸 수 있다고 사정해서 바꾸고 냈는데 웬걸. 주관식 답을 하나도 안 쓴 거야. 그때는 이 일이 엄청 큰일인데 지금 생각해보면 다시는 답안지로 인한 실수를 하지 않을 수 있어서 다행이었다고 생각해. 어떤 일이 일어나는 건 다 이유가 있다고 하더라고. 그 일을 지혜롭게 잘 이겨내는 경험으로 더 좋은 일들을 경험하는 거지."

실패담을 이야기한다. 뭐든지 다 완벽한 성공담보다는 실패담이 사람의 마음에 더 와닿을 때가 있다. 나는 아이들과 농담 섞인 이야기들을 할 때가 너무 좋다. 학교에서 꽤 반항하는 아이들과 이런 몇 마디의 이야기를 나누다 보면 아이들의 해맑은 미소 뒤에서 진심이 엿보일 때가 있다. '아이는 아이구나.' 하고 나는 느낀다.

이제 공부 안 하는 아이들 차례다. 하기 싫어하는 아이들은 공부를 많이 하게 하면 안 된다고 하여 공부량을 줄인다. 그러면 어떻게 될까? 아이들이 "감사합니다, 저를 생각해서 공부량을 줄여주시고 앞으로 줄여주신 양의 공부를 열심히 하겠습니다." 이렇게 할까?

경험해보신 부모님이나 선생님은 아실 것이다. 아이가 힘들어하는 것 같아서 공부량을 줄여준다. 학원도 줄여준다. 그럼 느낀다. '줄수록 양양

이구나.'

하기 싫은 아이들은 양의 문제가 아닌 것이다. 그냥 공부가 하기 싫은 것이다. 그나마 다른 좋아하는 것, 관심 있는 것, 재능이 있는 것이라도 있으면 좋으련만. 게임만 하고 여자아이들은 화장하고 핸드폰만 들고 사는 아이들을 보면 부모들은 답답함이 밀려온다.

이대로 두는 것이 맞는 것일까?

하기 싫어도 해야 할 때가 있고 해야만 하는 것이 있다. 그것을 아이들에게 알려주어야 한다.

더군다나 수학은 나선형 교육(나선형 교육의 중요성에 대해서는 4장에서 설명할 것이다)으로 앞의 내용을 이해하지 못하면 뒤의 내용은 그냥 포기다. 잘하지는 못해도 수포자가 돼서는 안 되는 일이기에, 그리고 그렇게 수학의 끈을 놓지 않고 잡고 가다 보면 어느 순간 본인이 공부의 중요성을 알게 되어 공부하는 아이들이 많이 있다. 그때 수학이 발목을 잡지 않기 때문에 공부하기가 훨씬 수월한 것이다.

초등학생이든 중학생이든 당장 제일 중요한 것은 연산이다. 연산 문제집을 본인의 실력보다 반 단계 낮은 것을 고른다. 시중에서 골라도 좋고 구몬이나 눈높이 등의 학습지를 해도 좋다. 중요한 건 이건 무슨 일이 있어도 매일매일 꾸준히 해야 한다. 불변인 것이다. 또 하나 시중에서 제일 쉬운 문제집, 두껍지 않은 문제집을 고른다. 이것도 매일매일 한 장씩 푼다. 1, 2단원까지는 한 장씩 풀다가 3단원부터는 한 장 반을 푼다. 양이 중요한 것이 아니다. 습관을 잡아가는 것이다. 주말은 당연히 신나게 쉰다. 어디를 가야 하거나 일이 있어서 학습을 쉬어야 할 때는 아이와 이야기를 꼭 해야 한다. 아이와 이야기하며 미리 학습의 양을 조절할 수 있기 때문이다. 대충 넘어가면 아이는 '이런 상황엔 그냥 넘어가는구나.'라고 인식하기 쉽다.

"내일은 할머니 댁에 가야 하니까 문제집을 풀 시간이 없을 것 같아. 어떻게 하는 게 좋을까?"

"나이스, 그냥 쉬어요."

"그게 좋을까? 엄마 생각엔 내일 하루 쉬면 공부할 양이 없어지는 건 아니고 어차피 다른 날이라도 해야 하는 거니까 네가 다른 방법을 찾아보는 건 어떨까 싶은데?"

"그럼 오늘은 연산 더 하고 내일은 쉬고 주말엔 하지 못한 거 하기."

"좋은 생각이네. 엄마는 우리 서윤이가 좋은 방법을 찾을 줄 알았어."

여기서 중요한 건 부모가 너무 개입되어 억지로 하면 안 된다는 것이다. 양을 줄이더라도 아이가 스스로 계획하고 학습할 수 있도록 강요가 아닌 유도로 방향을 잡아가야 한다.

　이렇게 하루하루 학습량이 쌓이면 한 학기에 연산문제집을 제외하고 두 권 정도를 풀 수 있게 된다. 한 권이 다 끝난 시점에서 인터넷으로 주문하지 말고 아이와 함께 서점으로 간다. 아이와 문제집들을 살펴보고 다음에 풀 문제집을 직접 고르게 한다. 사실 아이는 문제 난이도나 이런 것들을 보기보다는 문제집 표지나 단원이 끝날 때마다 나오는 퀴즈나 이야기에 더 관심이 있다. 그래도 아이 스스로 고를 수 있도록 선택권을 준다. 부모는 아이와 너무 동떨어지는 난이도는 아닌지만 봐주면 된다. 그럼 아이는 수학에 한 발 더 가까이 다가갈 것이다.

초등 수학에는 190개의 개념이 등장한다

"초등 수학에는 190개의 개념이 등장한다."

이 글을 보는 순간 어떤 생각이 떠오르는가?

"초등학생들이 이렇게나 많이 배워? 말만 들어도 지친다. 개념만 190
개면 문제까지 하면 엄청나게 많이 배우네. 요즘 초등학생들 불쌍하다."
등 주변에 물어보았을 때 반응 대부분이 안타깝다는 것이었다.

그런데 나는 이런 생각이 들었다.

'개념이 190개면, 딱 190개만 공부하면 아이들 초등학교 수학 공부는 편하겠는걸? 개념을 넉넉하게 200개로 잡고 6년으로 나누면 33.3이고, 1학기, 2학기이니까 2로 나누면 16.6이다. 한 학기에 17개의 개념만 정확하게 익히면 우리 아이들이 수학이 쉬워질 수 있다는 것 아닌가? 이어서 방학은 제외하고 학기 중에만 개념을 익힌다고 가정할 때 4개월로 잡고 나누면 4.25이다. 일주일에 한 개의 개념을 6년 동안 꾸준히 익히면 190개의 개념 익히기가 가능해진다. 여기서 플러스 알파로, 계획을 짜고 방학을 활용한다거나 비슷한 개념끼리 묶어서 배운다면 그 효과는 더 클 것이다.'

오히려 나는 이 개념의 개수를 보고 초등 수학의 희망이 보였다.

우리 아이들이 초등학교 6년 동안 어떠한 개념들을 배우는지 보겠다.

1학년 6개

더하기(+), 빼기(−), 짝수, 홀수, 크다, 작다(), ◇

2학년 18개

백(100), 원, 삼각형, 사각형, (각의)변, (각의)꼭짓점, 오각형, 육각형, 어떤 수를 □로 나타내기, 단위 길이, 1cm, 곱하기(×), 천(1000), 자리

값, 1분, 1시간, 오전, 오후

3학년 35개

선분, 반직선, 직선, 각, 꼭짓점, 변, 직각, 직각삼각형, 직사각형, 정사
각형, 나눗셈식, 몫, 1초, 분수, 분모, 분자, 소수, 소수점, 몫, 나머지, 나
누어 떨어진다, 원의 중심, 원의 반지름, 원의 지름, 진분수, 가분수, 자
연수, 대분수, 1L, 1ml, 1km, 1g, 그림그래프

4학년 31개

1만, 10만, 100만, 1000만, 1억, 1조, 각도, 1도, 예각, 둔각, 예각삼각
형, 둔각삼각형, 이등변삼각형, 정삼각형, 막대그래프, 수직, 수선, 평행,
평행선, 평행선 사이의 거리, 사다리꼴, 평행사변형, 마름모, 다각형, 삼
각형, 사각형, 오각형, 정다각형, 대각선, 이상, 이하, 초과, 미만, 올림,
버림, 반올림, 꺾은선그래프, 대응 관계

5학년 40개

약수, 배수, 공약수, 최대공약수, 공배수, 최대공배수, 면, 모서리, 꼭
짓점, 직육면체, 직육면체의 겨냥도, 정육면체, 직육면체의 전개도, 약
분, 기약분수, 통분, 공통분모, 1cm², 1m², 평행사변형의 밑변, 높이, 삼
각형의 밑면, 높이, 사다리꼴의 윗변, 아랫변, 높이, 합동, 대응점, 대

응변, 대응각, 선대칭도형, 대칭축, 점대칭도형, 대칭의 중심, 1a, 1ha, 1km², 1t, 평균

6학년 60개

각기둥, 밑면, 옆면, 모서리, 꼭짓점, 높이, 각뿔, 밑면, 옆면, 모서리, 꼭짓점, 각뿔의 꼭짓점, 높이, 전개도, 비, 비교하는 양, 기준량, 비의 값, 비율, 백분율, %, 속력, 시속, 분속, 초속, 인구밀도, 용액의 진하기, 퍼센트포인트(%p), 원주, 원주율, 원의 넓이 구하는 방법, 직육면체 겉넓이 구하는 방법, 정육면체 겉넓이 구하는 방법, 1cm³, 직육면체 부피 구하는 방법, 1m³, 항, 전항, 후항, 비례식, 외항, 내항, 비의 성질, 비례식의 성질, 비례배분, 원기둥, 옆면, 밑면, 높이, 옆면, 꼭짓점, 밑면, 모선, 높이, 구, 구의 중심, 구의 반지름, 띠그래프, 원그래프, 정비례, 비례상수, 반비례, 반비례 상수

『엄마의 수학 공부』라는 책에서 보았다.

그럼, 사람들은 생각할 것이다. 일주일에 1개든 4개든 어떻게 개념을 익힌다는 것인지. 그리고 사실 일주일이나 하루 만에 완성되는 개념도 있지만 한 달 이상이 걸리는 개념도 있다. 수학에서 개념이라는 것이 단순하게 정의를 외우고 관련 문제 몇 문제 푸는 것으로 끝낼 수는 없다. 그렇게 익힌 개념은 내 것이 될 수 없기 때문이다.

예를 들어 곱하기라는 개념을 익히기 위해서는 반복되는 더하기의 개념부터 익히고 구구단을 알고 곱셈 단원에 접근해야 한다.

다행히도 우리나라 초등수학의 70~80%는 연산이다. 연산을 제대로 학습하는 것으로 개념도 잡을 수 있다. 연산을 시작하면서 무작정 계산만 하는 것이 아니라, 왜 이렇게 계산을 하는 것인지 궁금증을 갖고 연산을 통해 개념으로 접근해보는 것이다.

예를 들어,
1학년 1학기 덧셈.

"얘들아, 5+3은 뭘까?"
"8이요."

요즘은 유치원이든 집에서든 더하기를 배워서 웬만한 아이들은 다 안다. 몰라도 상관없다.

"왜 8일까?"

아이들 대부분은 손가락을 펴고 보여준다. 왼손의 다섯 손가락을 펴고 오른손의 세 손가락을 펴고 펴져 있는 손가락을 센다.

"맞아. 너무 잘했어요. 우리 사탕 좋아하지. 이번엔 사탕으로 한번 해볼까? 이번엔 다른 문제로! 2+3은 몇 개일까?"

"5개요."

"맞아, 왜 5개일까?"

"2개 놓고 3개 놓고 하면 5개요."

아이들은 너무 쉽다는 듯이 이야기한다.

다시 이야기를 이어나간다.

"5개는 갑자기 뚝 떨어진 게 아니지. 선생님이 하빈이한테 하나, 둘, 셋 이렇게 주고, 옆에 짝꿍 주아가 하나, 둘, 이렇게 주고 그걸 모두 합해보니까 5개인 거지. 항상 더하기 빼기를 할 때는 내 머릿속에 바구니가 있다고 생각하면 좋아. 더하기(+)는 누군가 나의 바구니에 준 거고 빼기(−)는 누군가 내 바구니에서 가져간 것으로 생각하면 되는 거야. 그럼 다시 생각해보자. 2+4는 얼마일까?"

"6이요."

"잘했어. 그럼 이번엔 5+3+1은 어떻게 생각하면 좋을까?"

"다 더해요. 9요. 9."

"너무 잘한다. 그럼 5−3은?"

"2요."

처음에 개념을 확인할 때는 쉬운 문제부터 풀기 시작하는 것이 좋다. 그리고 하나씩 확장한다.

"0+3은?"

3이라고 말하는 아이도 있을 것이고 모르는 친구도 있을 것이다. 이때 '0'이라는 개념을 한번 설명해주면 좋다. '0'은 여러 가지의 의미와 쓰임이 있지만 이날은 비어 있다는 의미의 0이라고 이야기해준다.

그리고 똑똑하게 잘 이해하는 아이가 있다면 개념과 함께 숲을 볼수 있는 이야기를 하나 더 해준다. 그 이야기는 가볍게 던져주는 형태가 되어야 한다. 그래야 아이가 호기심을 갖고 접근할 수 있다. 부모의 욕심으로 강요하며 가르친다면 아이는 금세 호기심을 잃게 된다. 공부에서 호기심을 잃는 건 공부의 큰 재능을 잃는 것과 같다. 그렇기에 아이가 궁금해할 정도로 조금만 알려주면 된다.

저학년 때의 아이들은 스펀지 같아서 한 문제를 풀 때도 여러 각도로 알려주는 것이 좋다. 그래서 매번 손가락을 써서 계산하는 아이는 캐러멜이나 수 막대 혹은 수직선 등을 이용하며 확장해보는 것이 좋다.

이렇게 수는 양과 숫자의 개념으로 익힐 수 있다. 이런 방식으로 생각을 하다 보면 '3-5='이라는 문제는 없는 문제가 아니라 "어떻게 되는 거예요?"와 같은 질문이 나오게 된다.

우리 가족은 차 타고 가면서 문제 내고 맞추는 것을 좋아한다. 스무고개도 하고 끝말잇기도 하고 수학 문제도 낸다. 사실 큰 룰이 없다. 재미가 최우선이기 때문에 재미있으면 된다고 생각하고 틀린 답도 때로는 맞다고 이야기해줄 때도 있다.

어느 날 차에서 큰아이 시윤이와 작은아이 서윤이가 서로 문제를 낸다.

"삼 더하기 사는?"
"칠. 너무 쉽잖아. 어려운 거 내줘. 형아."

아이들도 나름대로 덧셈은 쉽고 뺄셈은 어렵게 생각하는지 형아는 어려운 문제로 뺄셈 문제를 낸다.
"오 빼기 삼은? "
"2. 너무 쉽잖아. 어려운 거 내줘. 형아."
"그럼 삼 빼기 오는?"

"그런 거 없잖아, 엄마, 삼 빼기 오 이런 거 없지? 형아가 이상한 문제 내."

사실 이럴 때 한번 생각을 하게 된다. 일단 없다고 하고 아이들이 조금 크고 나면 설명을 해줘야 하나, 아니면 아직은 이해하지 못해도 일단은 정확한 팩트를 이야기해주는 게 맞는 것인가. '삼 빼기 오'가 있다고 하면 '왜 있는데?'라고 말하는 것부터 시작하여 '어떻게 하는데?' 하며 폭풍 질문이 쏟아질 텐데 그냥 없다고 해야 하나.

나는 아이들에게 대부분 사실대로 이야기를 해주는 편이다. 그래서 이런 수학 문제도 일단 있다고 이야기를 한다. 수학이 아니라도 아이들이 질문하는 것들은 최대한 쉽게 설명해주려 한다. 그래도 모르는 것들은 차선책으로 인터넷검색도 해보고 유튜브로도 찾아본다. 방법은 많다.

"서윤아, 서윤이가 오레오 과자가 3개 있어. 근데 먹다 보니까 5개가 먹고 싶은 거야. 그럼 3개 다 먹고 몇 개를 더 먹어야 할까?"

처음엔 헷갈리는 듯하지만 이내 답을 찾아낸다.

"2개 더 먹어야 돼."
"맞아. 근데 서윤이는 지금 과자가 없으니까 형아한테 빌려야겠지. 우리는 빌리는 걸 마이너스라고 해. 그래서 마이너스 2라고 말하면 돼."

빌리거나, 거꾸로 가는 것들을 마이너스라고 부른다고 이야기해주면 된다. 처음엔 당연히 이해하기 어려울 것이다. 어렵지만 궁금해서 또 물어본다면 또 설명해주면 되는 거고, 궁금해하지 않는 아이는 그냥 넘어갈 것이다.

이 책에서 개념에 관한 이야기를 세 번 정도 하는 것 같다. 여러 번 강조해도 나쁘지 않다고 생각한다. 그리고 부모님들이나 선생님들께서 아이들을 교육하시는 데 꼭 도움이 되셨으면 하는 마음에 개념을 계속 언급하는 것이다.

초등수학은 사실 별것 없다. 연산은 자동으로 툭 튀어나올 정도면 되고, 개념은 몸에 체화될 정도면 된다. 이 두 가지가 습관으로 완성만 되면 되는 것이다.

별것 아니고 쉽다는 생각이 드는가? 사실 별것이고 쉽지 않다. 우리 아이들이 6년 동안 배우는 개념들이 많다. 하지만 아이들에게 이 중에 나오는 단어 하나를 던져주고 어떤 뜻이냐고 물어보았을 때 망설임 없이 뜻을 설명할 수 있는 아이가 있을까?

'개념을 안다.'라고 하는 것은 건드리기만 해도 툭 하고 튀어나와야 비로소 '개념을 안다.'라고 할 수 있다.

중학교 1학년 때 정수와 유리수라는 단원에서 배운다. '0'을 제외한 세상의 모든 수는 양수 또는 음수라고. 그래서 사실 우리가 초등학교 내내 쓰던 수 앞에는 사실 '+'라는 기호가 생략되어서 사용하고 있었다는 사실을. 매번 쓰기 귀찮기에 그래서 원래는 그냥 5인 것처럼 보이지만 사실 +5인 것이다.

이 이야기를 중학교 1학년 아이들 첫 시간에 한다. 아이들은 처음 듣는 이야기라 호기심을 갖는다. 이 호기심을 시작으로 중학교 개념 사냥을 시작한다.

수학 공부는 관리, 자율, 소통, 습관이다

 수학을 잘하는 아이들을 관찰해보았다. 수학을 잘하는 아이들을 보면 수학만 잘하는 경우는 드물었다. 전 과목을 두루 잘하는 아이들이 대부분이었다. 단순히 제일 어려운 과목인 수학을 정복해서 그 아래 하위 과목 등은 정복당한 걸까?

 어떤 원리로 그런 것인지 궁금했다. 그래서 습관적으로 수학 잘하는 아이들을 유심히 보고 관찰해보고 부모님과 상담할 때도 여러 이야기를 나눠보고 아이와도 많은 이야기를 나누어보았다.

수학 공부 자체는 그냥 대충대충 해서 잘할 수가 없는 학문이다. 시험이라는 관문 없이 한다면 즐기며 할 수도 있다. 하지만 우리나라 현시점에서 수학 공부란 시험이라는 것을 빼고 다룰 수가 없는 것이다. 초등학교, 중학교, 고등학교 12년은 대학수학능력시험을 목표로 하고 있고 거기서 수리영역은 우리가 원하는 대학, 원하는 과를 가는 데 많은 영향을 끼친다. 그러다 보니 대학을 생각한다면 수학을 우습게 보며 넘길 수 없는 것이다. 그리고 대충대충 해서도 안 되는 것이다.

우리나라의 시험을 위한 수학 공부는 일단 초등학교 때 연산을 바탕으로 한다. 연산을 탄탄하게 다져놔야 그다음이 가능하다. 그런데 연산을 우습게 생각하거나 어떤 사람들은 연산 학습을 하지 말라고 하는 사람들도 있다. 내가 연산이 중요하다고 하는 것을 오해하는 부분이 있는 것 같다. 단순 반복 학습으로 아이들을 훈련 시키는 건 아닌가 하는 것이다. 훈련이라면 훈련일 수도 있다. 훈련의 정의는 기본자세나 동작 따위를 되풀이하여 익힘, 가르쳐서 익히게 함이다. 이런 의미의 훈련이라면 아이들에게 연산을 강조하고 있는 것이 맞기 때문이다.

연산이란 여러 책에서도 이야기하듯이 국어를 배울 때 한글을 배우는 게 기본이듯이 수학을 배우려면 연산이 기본이 되는 것이다.
한글을 국어의 기본이다. 자기의 생각을 글로 쓰기도 하고, 수능에서 언어영역시험도 볼 것이고, 대학교에 가서는 논문도 써볼 수 있을 것이고 직장생활에서 제안서를 쓰거나 사업 계획서 등도 써볼 수 있을 것이다. 일반생활에서는 설명서 등을 보거나 혹은 지금의 나처럼 이렇게 책을 쓸 수도 있는 것이다. 이렇게 말도 안 되게 당연하게 글을 쓰고 있다.

그런데 한글을 모른다고 가정해보자. 아무리 자기의 생각이 파울로 코엘료(연금술사 저자)처럼 대단하더라도 표현할 줄 모르면 소용이 없는 것이다.

수학에서 연산이 이런 것이라고 생각한다.

고등수학으로 넘어가면서부터는 연산능력을 요구하는 문제는 없다. 기본적인 연산능력은 당연히 갖추고 있을 것이라 여기기 때문이다. 하나의 문제에 3~4개의 개념이 연결되어 있다. 그 개념들을 해결하는 데 초점을 맞추어야 하는데 더하기 빼기를 틀리고 있다는 게 말이나 되는 걸까.

그래서 초등저학년 때는 연산공부를 부지런히 해주는 것이 좋다. 그렇다고 많은 양을 많이 풀라고 이야기하는 것이 아니다. 필요한 연산만 반복해서 익히고 다음 단계의 연산으로 넘어가면 되는 것이다. 모든 연산 부분을 많은 양으로 승부 볼 필요는 없다.

연산으로 꾸준히 학습하며 공부의 양을 체크해준다. 이 작업은 부모님이 해주셔도 좋고 과외나 이런 학습법으로 운영하는 학원이 있다면 그런 곳을 다니는 것이 좋다. 어쨌든 옆에서 디테일하게 관리해주는 부분은 저학년일수록 꼭 필요한 부분이다.

다음으로 자율이다.

처음부터 자율을 주면 아이들은 우왕좌왕한다. 이건 저학년 때 열심히 관리를 받아온 아이들도 갑자기 자율이 오면 마찬가지이다. 일단은 틀을 정해주고 그 안에서 자율을 주는 것이다.

그래서 저학년 때 부모님과 홈스쿨링으로 관리를 잘 받아오다가 고학년이 되고 부모님께서 아이를 학원에 보내신다. 지금껏 엄마랑 잘해왔기에 고학년도 되었으니 잘할 것으로 생각한다. 하지만 아이는 어렵다. 그럴 때 아이를 다그치면 절대 안 된다.

아이를 갑자기 학원으로 내몬 부모의 잘못이다. 학원을 보내도 적응 기간이라는 것이 필요하다. 학원에서 혹은 과외를 해도 마찬가지다. 선생님께서 아무리 꼼꼼히 봐주신다고 해도 엄마가 자식을 봐주는 것만 못하다. 학원이든 과외든 엄마의 손을 떠날 때는 조금씩 적응하는 적응 기간을 가져야 한다. 매일 함께한 공부라면 일주일에 네 번에서 적응이 되면 두 번으로 줄이고 해야 한다. 그래야 그동안 엄마와 함께했던 공든 탑을 무너뜨리지 않고 잘 가져갈 수 있다. 그러면서 아이에게는 스스로 공부할 수 있는 힘, 자기주도학습 능력도 함께 키워줄 수 있는 것이다.

엄마와 공부하는 동안 지식적으로는 많은 것을 배우지 않았을지 모른다. 하지만 아이는 그 어느 몇백만 원짜리 학원에 다녔을 때 배운 것보다 더 큰 것을 배웠을 것이다. 엄마와의 꾸준한 정서 유대관계 속에서 무한한 엄마의 사랑을 느꼈을 것이고 그 사랑과 믿음만으로도 아이는 앞으로 공부해나가는 데 큰 힘을 발휘할 무기를 장착하게 되었을 것이다.

그러면서 아이와 꾸준히 이야기를 나누는 소통을 하는 것이 좋다. 부모와의 소통이 자연스러운 아이들이 커서도 주변 사람들과 소통이 자유롭다. 소통이 자유롭다는 것은 본인의 감정을 화내거나 불안으로 표현하기보다는 솔직하게 단계적으로 말로 본인의 의사를 잘 표현하는 것을 말한다. 이것은 우리 아이들에게 꼭 필요한 소통능력이다.

공부 얘기로 시작하면 아이들은 질린다. 요즘 아이들의 관심사 이야기를 해주는 것이 좋다. 예를 들어 아이가 BTS를 좋아한다면 인터넷으로 BTS를 검색해서 '아, 퍼미션 투 댄스로 빌보드 메인 싱글 차트 핫100에서 연속 8주 1위를 기록했구나.'라는 기사를 본다.

"BTS가 이번에 신곡 나온 거 그거 뭐지? 퍼미.. 퍼미신?"
"퍼미션 투 댄스?"
"맞아, 그 노래가 핫100에서 몇 주 동안 1위 했다면서?"
"어떻게 알았어?"
"엄마가 모르는 게 어디 있니~ 엄만 뷔가 잘생기고 멋있더라. 넌 누구 좋아해?"

BTS를 사이에 두고 둘의 대화가 핑퐁핑퐁 오고 간다. 이런 대화를 일부러라도 만들어서 자주 해야 할 필요가 있다. 그렇다면 멀어진 감정도 핑퐁핑퐁 오고 갈 것이다.

주위에 보면 요즘에 사춘기도 빨라져서 초등학교 저학년부터도 사춘기가 온 아이들이 많다. 큰 변화 없이 부모와 잘 지내는 아이들도 있지만, 보편적으로 부모와의 대화가 줄어들고 가족보다는 친구들과 시간 보내는 것을 더 좋아한다.

예전 같으면 밖에서든 학원에서든 자유롭게 친구들을 만나겠지만 요즘은 코로나19로 친구들을 만나는 것조차 자유롭지 못하다. 그러다 보니 카톡이나 게임을 하며 친구들을 만나 이야기를 하는 환경으로 많이 바뀌었다. 그리고 부모와의 대화는 점점 줄고 대화가 줄수록 점점 더 사이가 어색해진다. 물론 사춘기가 지나고 나이를 먹으면 이 관계는 다시 회복되기도 한다. 하지만 어색하다. 한때의 지나가는 바람이기에 크게 지나가는 아이도 있고 가볍게 지나가는 아이도 있겠지만 어쨌든 부모는 그 자리에서 기다려준다. 그런데 자식으로서 아쉬운 점 한 가지만 이야기하고 싶다.

나는 학창 시절 착한 딸이었다. 그런 나도 사춘기가 왔다. 나의 사춘기

유형은 부모님과 이야기 안 하기였다. 엄마와는 그래도 이야기를 잘하는 편이었다. 그런데 아빠하고는 거의 이야기를 하지 않았던 기억이 난다. 물론 20세가 넘어서는 아빠와 이야기도 하고 술 한잔도 하고 했지만 몇 년 동안 그 어색함이 있었다. 그리고 내가 29세 때 아빠께서 폐암 말기 판정을 받으시고 3개월 만에 갑자기 돌아가셨다. 오히려 큰일은 담담하게 받아들였다. 그런데 이제 내가 아이를 낳고 내 아이가 크면서 '부모의 마음, 아빠의 마음이 이렇구나.' 느끼면서 종종 울컥할 때가 있다. 아빠와 다정하게 카톡을 주고받고, SNS에 손자와 다니는 할아버지 사진들을 보면 아빠가 많이 생각난다.

나는 다정한 딸이 아니었다. 딸만 둘인 우리 집에서 내 여동생도 그렇게 살가운 딸이 아니었다. 안타깝게도 아빠는 딸 키우는 맛이 없었을 것 같다. 학창 시절에 아빠와 이야기를 나누었던 기억이 거의 없다. 그때 다정한 딸로, 아빠로 두런두런 이야기도 나누고 했으면 얼마나 좋았을까. 그런 생각을 가끔 한다.

우리의 부모들은 고지식한 부모였지만 우리는 다르지 않은가. 자식으로서 깨달음이 늦기 때문에 부모인 우리가 먼저 아이들에게 손 내밀어주고 이야기해주는 것은 어떨까 싶다.

마지막으로 이러한 관리, 자율, 소통을 지나면 자연스럽게 습관이 된다.

"무엇이든 반복해서 행한 것이 모여 우리 자신이 된다. 그러므로 탁월함은 행동이 아니라 바로 습관이다."

— 아리스토텔레스

- 4 -

개념이 없으면 수학은 무너진다

어느 날, 제부가 나에게 수학 문제를 냈다. SBS 프로그램 런닝맨에 나왔던 문제라고 한다. 여러분들도 한번 풀어보길 바란다.

Q.. 다음은 초등학교 4학년 문제입니다. 반올림하여 70이 되는 수 중 가장 큰 자연수는 무엇일까요?

① 72 ② 73 ③ 74 ④ 75 ⑤ 76

이 문제를 유재석만 맞추고 다 틀렸다고 한다. 우리도 주변 어른들이 풀었는데 정답률은 반도 안 됐다. 나는 당연히 맞았다. 주변에 한번 문제를 내보셔서도 좋다.

정답은 무엇일까? 3번이다. 초등학교 때 배운 내용인데 왜 어른들은 헷갈린 걸까? 단순히 시간이 오래 흘러서 그랬던 걸까?

반올림의 정확한 개념만 알고 있으면 헷갈릴 이유가 전혀 없는 문제이다. 하지만 정확한 개념이 머릿속에 들어가 있지 않으니 반올림하면 반만 올려주는 것, 이 정도로 생각하기 때문이다. 잠깐 설명을 하자면 반올림이란 구하려는 자리의 한 자리 아래 숫자가 0, 1, 2, 3, 4이면 버리고 5, 6, 7, 8, 9이면 올리는 방법이다. 그래서 반올림하여 70이 되는 수는 65부터 74까지이며 그중에 가장 큰 수는 74인 것이다.

개념의 중요성을 위해 몇 가지 설명을 조금 더 보태보겠다.

올림은 구하려는 자리 아래에 0이 아닌 숫자가 있으면, 구하려는 자리의 수를 1 '크게'하고 그 아래 자리의 수를 모두 0으로 나타내는 것.

올림하여 십의 자리까지 나타내기 1592 → 1600

올림하여 백의 자리까지 나타내기 1592 → 1600

올림하여 천의 자리까지 나타내기 1592 → 2000

버림은 구하려는 자리의 아래 자리의 수를 숫자에 상관없이 무조건 버려서 0으로 나타내는 것.

버림하여 십의 자리까지 나타내기 : 1592 → 1590

버림하여 백의 자리까지 나타내기 : 1592 → 1500

버림하여 천의 자리까지 나타내기 : 1592 → 1000

마지막 문제

올림하여 백의 자리까지 나타내기 : 1207 → ?

1200? 답은 1300이다. 이 문제가 초등학교 4학년 문제이다.

힌트는 올림과 반올림의 정의를 유심히 보면 알 수 있다. 올림은 아래 자리에서 0이 아닌 "수"가 있으면 올려준다. 반올림에서는 한 자리 아래 "숫자"를 보고 판단하는 것이다.

수와 숫자의 개념도 알아야만 하는 것이다. 그런데 수와 숫자의 개념은 초등학교 1학년 때 배운다. 서수와 기수, 예를 들어 셋은 양으로서의 수를 의미하고 셋째는 순서로서 세 번째에 있는 수를 의미한다. 그래서 셋은 세 개를 모두 칠하고 셋째는 세 번째 동그라미만 칠하는 것이다.

개념이 별것 아닌 것 같지만 위의 내용을 보면 나는 개념이 정말 중요하고 엄청난 힘을 가졌다고 생각한다. 우습게 생각했던 초등학교 1학년과 초등학교 4학년의 개념의 연관성에서도 둘 중 하나를 정확하게 인지하지 못하면 헤맨다. 어림하기의 개념 하나도 이런 연계성을 갖고 있는

데, 앞으로의 수학 개념들을 정확히 익히지 않고 수학을 공부한다고 생각하면 생각만으로도 아찔하다.

수학은 개념 공부해야지 하고, 하루 이틀, 날 잡아서 끝낼 수 있는 부분이 아니다. 한 단원씩 배워나갈 때마다 그 개념의 의미를 정확하게 파악해야 한다. 그리고 여러 각도에서 그 뜻을 살펴본다. 그리고 어떤 문제에서 어떻게 적용되는지를 보는 것이다.

요즘 초등학교 교과서에는 개념이 잘 나와 있지 않다. 그렇다 보니 학교 선생님들도 적극적으로 깊게 개념을 설명해주시지 않는다. 그리고 초등학교 수학 정도는 명확한 개념 설명이 없어도 그 단원에 해당하는 유형의 몇 문제 정도를 풀다 보면 문제가 풀리기 때문에 아이들은 그 단원을 잘 이해했다고 생각한다. 그건 착각이다. 이 착각은 부모도 마찬가지이다. 그런데 부모는 아이가 학교나 학원에서 수학을 배우고 개념을 정확히 인지했는지 알아볼 방법이 없다. 시중에 개념 문제집이 나와 있지만, 개념보다는 여러 유형의 문제들을 다루는 문제집이 대부분이기 때문에 아이가 개념을 얼마나 알고 있는지 판단할 도구가 없다. 하지만 단 하나! 입.

아이들에게 입으로 설명해보도록 하는 것이다. 처음부터 개념을 설명하는 것은 어렵다. 질문해서 단답형으로 답을 유도하는 형식으로 주고받는다. 처음엔 한마디. 그다음엔 한 줄. 그다음엔 두 줄. 그다음엔 스스로 선생님이 돼서 칠판에 설명한다. 스스로 알고 있는 내용을 입으로 내뱉는 것만큼 아이의 이해도를 정확하게 파악할 수 있는 것은 없다.

본인이 알고 있는 내용을 스스로 설명하는 것이야말로 명확하게 안다고 할 수 있는 것이다. 인풋만으로는 아이들이 성장할 수 없다. 아웃풋이 있어야 한다.

나는 종종 아이들에게 개념을 알아 오라는 숙제를 내주고는 한다.

예를 들어 다음 시간이 5학년 1학기 약수와 배수 수업시간이라고 하자. 그러면 아이들에게 약수와 배수에 관해서 인터넷이나 유튜브나 책이나 할 수 있는 수단과 방법을 찾아서 3가지씩 알아 오라고 숙제를 내준다. 그러면 아이들의 창의력은 대단하면서도 귀엽다. 일단 제일 보편적인 방법은 네이버 검색창에 약수와 배수를 검색해본다. 그리고 이미지도 보고 어학 사전에서 다른 나라의 언어들도 본다. 그리고 한자의 뜻도 본다. 유튜브에서 다른 선생님들의 강의나 정리된 개념 노트를 적어오기도 한다. 어떤 아이는 배수는 구구단 아니냐며 구구단을 적어오기도 한다.

이렇게 각자 스스로 알아 온 뒤 수업을 시작할 때면 더 적극적이고 수업 시간에 집중도 더 잘한다. 5학년 1학기 단원 중 약수와 배수는 아이들이 제일 어려워하는 단원이다.

약수와 배수를 시작으로 수학을 어려워하고 포기하는 아이들이 많다. 수학에 흥미가 없는 아이들도 4학년까지도 그럭저럭 잘 버티다가 5학년 1학기가 되면 너무 어려워하는 아이들을 많이 본다. 거기에 몇 단원 지나면 분수의 통분까지 나오니 약수와 배수를 정확히 이해하지 못하고 최대공약수와 최소공배수를 대충하고는 분수 학습을 잘하기를 바라는 것은 도둑놈 심보이다. 그래서 초등학교 시절 5학년 때 갑자기 수학이 어려워진다. 그리고 수학을 포기하는 아이들이 많은 것이다.

포기하지 말자. 아이가 개념을 잘 설명하면 통과, 설명을 버벅거리면 그건 정확하게 이해를 하지 못한 것이다. 그러면 유튜브나 EBS 영상을 보고 아이와 개념에 대한 부분을 다시 한번 짚어본다. 그래도 어렵다면 나에게 연락 바란다. 성심성의껏 도와드리겠다.

시험은 스킬이다

지금까지 우리는 수학 공부를 하면서 어느 순간 어쩌면 수학 실력의 향상보다는 수학 성적의 향상에 초점을 맞추어 왔는지 모르겠다.

한두 해에 끝나는 수학 공부도 아니고 10년 이상을 공부해야 하는 수학이다. 그렇기에 틀에 박힌 공식들에서 벗어나 자유롭게 사고하며 수학의 원리들을 깨닫고 그 속에서 깨달음의 즐거움도 얻는 수학 공부를 하길 어느 부모나 바랄 것이다. 하지만 대한민국 현실에서는 수학적인 사고력에 초점을 맞추기보다는 각 학년의 교육 과정에 맞추어 성실하게 공부하고 시험이라는 과정을 거친다.

초등학교 때는 많지 않지만, 중학교 때부터는 시험이 본격화된다. 여러 번의 시험들을 거쳐 고등학교에 가면 또 시험이다. 그리고 우리는 미성년자로서 최종 시험과 마주한다. '대학수학능력시험.' 시험의 이름에도 나와 있듯이 수학(修學)능력; 배우는 능력을 평가하는 시험이다. 그렇기에 아이러니하게도 우리가 공부하는 방법은 시험이라는 틀에서 벗어나면 수능이라는 시험에서도 좋은 성적을 받기가 어렵다.

그리고 내가 정말 공부하고 싶어 하는 공부를 할 수 없을지도 모른다. 왜냐하면, 수능이라는 시험을 넘어야 내가 원하는 학교, 내가 원하는 학과에서 내가 원하는 공부를 할 수 있기 때문이다. 그래서 내가 정말 하고 싶은 공부를 하고 싶다면 학교 시험들을 잘 봐야 한다.

그리고 시험 잘 보는 5가지 시험 스킬이 있다. 습관처럼 패턴으로 익히면 된다. 하지만 쉽지가 않다. 시험이라는 자체가 떨림이고 시험장이라는 공간 자체가 긴장이기 때문이다. 하지만 이것 또한 매번 떨린다, 힘들다, 안 된다고 하면서 시험을 밀어내고 어려워하기만 할 것이 아니라 반복적인 연습으로 극복할 수 있다는 현실을 인지하면 된다. 스킬은 말 그대로 기술이다. 기술은 익히면 누구나 가능한 것이다.

그 다섯 가지 기술은 다음과 같다.

첫째, 공부하면서 제일 헷갈렸던 부분을 시험 직전까지 입으로 중얼거린 후 시험지를 받자마자 맨 위에 적는다. 적는 순간 마음의 안정이 오고 나는 이 시험에서 심리적으로 이긴 것이다. 물론 공부할 내용을 완벽하게 공부해가는 것이 최상이겠지만 어느 누가 모든 시험을 다 그렇게 준비할 수 있을까.

시험 시작종이 울리고 외울 것들은 아직 남았고 '에라이, 이번 시험 꽝이다. 포기.'라고 하지 말고 막판까지 붙잡기를 바란다. 이 시험 시간은 다시는 오지 않는다. 그리고 우리는 시험공부를 안 했다고는 하지만 이 시험을 위해서 나의 조그만 마음이라도 썼을 것이다. 그렇게 생각했을 때 시험에 대한 내 마음을 포기로 답하지 말고 끝까지 최선을 다하겠다는 마음으로 임하는 자세가 더 나답지 않을까. 이 마음가짐은 내가 어떠한 선택에 있어서 종종 중요하게 튀어나오곤 한다. 그렇기에 포기하기보다는 끝까지 최선을 다하는 마음이 난 중요하다고 생각한다.

그랬을 때 시험에 꼭 나오는 문제 한두 문제는 안다. 정 모르면 쉬는 시간에 친구들에게 물어봐도 된다. 그때 그 문제를 달달달 외운다. 이때의 집중력은 최고다. 그리고 시험지를 받자마자 위에 적는 것이다. 어딘가 적용할 곳이 있을 것이고 찾을 것이다.

이렇게 시험을 포기하지 않고 임하는 자세가 정말 중요하다. 이것은 시험이라는 전투에서 사용하는 나만의 무기였다.

둘째, 대부분 앞번호의 문제들이 쉬운 경우가 많다. 그렇기에 앞번호 먼저 차분히 풀되 모르는 문제가 나오면 끙끙 앓지 말고 체크해놓고 패스한다. 알더라도 시간이 오래 걸릴 것 같은 문제도 체크해놓고 쉬운 문제들을 다 푼 후에 푸는 것이 좋다.

이건 시험을 볼 때 적용하면 효과를 분명하게 볼 수 있는 불변의 진리인 듯하다. 어려운 문제, 복잡한 문제 풀다가 시간을 다 잡아먹고 나머지 문제들도 못 풀고 시험지를 제출한다는 것은 상상만으로도 너무 아깝다. 단 주의할 점은 빼놓은 문제들을 잘 체크해놓아야 답안지에 옮겨야 하는 문제일 경우에 밀려 쓰는 일을 방지할 수 있다는 것이다.

셋째, 문제를 꼼꼼히 읽는다.

'아닌 것은?'을 물어봤는데 맞는 것을 찾아내고, '답을 2개 고르시오.' 했는데 1개 고르고, 영수의 나이를 물어봤는데 철수의 나이를 적는 경우가 있다. 문제를 쉽게 생각하고 대충 읽고 풀 때 틀리는 경우이다. 이런 경우는 문제에 밑줄을 그어가며 중요한 부분에 동그라미를 치고 문제에서 물어보는 질문을 정확하게 표시하면서 문제를 읽는 습관을 길러야 한다.

위의 경우와 달리 문제 자체를 이해하지 못하는 경우가 있다. 이런 경우는 수학적으로 접근하기보다는 앞의 장에서 이야기했듯이 문해력이 부족하여 발생하는 부분이다. 앞 장을 다시 참조하길 바란다.

넷째, 수학시험에는 계산 문제가 많다. 계산하는 방법을 보면 아이마다 다르다. 암산하는 아이가 있고 종이에 끼적끼적 쓰는 아이가 있고 꼼꼼하게 풀이를 적는 아이가 있다. 누가 정확도가 더 높을까? 당연히 풀이를 적어가며 계산하는 아이가 시간은 더 걸릴지라도 정답률은 더 높을 것이다. 시험에서 중요한 건 정답률이다. 그렇기에 우리가 문제 푸는 연습을 할 때도 시간이 걸릴지라도 풀이 과정을 써가며 풀어야 하는 이유이다.

그리고 풀이 과정이 있어야 내가 어디서 틀렸는지도 정확히 알 수 있고 실수를 줄일 수 있는 것이다. 그래서 시험을 볼 때는 계산을 대충대충하고 이따가 다시 해야지 하고 생각할 것이 아니라 이 문제는 한 번만 푼다는 생각으로 한 번에 계산을 꼼꼼하고 정확하게 하는 것이 중요하다.

다섯째, 검토하는 습관을 들인다.

검토는 습관이다. 학원에서도 아이들 테스트 후 말하지 않아도 검토하는 아이와 말해도 검토하지 않는 아이들이 있다. 검토의 중요성은 누구나 다 안다.

일단 처음부터 끝까지 문제를 다 푼 후 어렵게 풀었던 문제들을 다시 한번 풀어본다. 그다음 시간이 20분 이상 여유가 있으면 풀었던 문제들도 다시 한번 풀어본다. 그다음 답안지가 따로 있는 시험인 같은 경우 답을 밀려서 쓰지는 않았는지 다시 한번 확인해본다.

그리고 확인하면서 풀지 못한 문제는 최대한의 답이라도 적어서 내도록 한다. 공백으로 내는 것보다는 답이라도 써서 정답을 맞힐 확률을 높이는 성의라도 보이는 것이 시험에 대한 예의라 생각한다.

수학 100점은 노력으로 충분히 가능한 점수이다. 우리나라 교육 과정에서의 수학은 학문의 연구보다는 학습에 가깝기 때문이다. 그렇다고 100점이 꼭 우리의 목표는 아니다.

내가 아이들에게 해주고 싶은 말이 있다. 시험은 단지 스킬, 기술이다. 충분히 배워서 익힐 수 있는 것을 우리는 기술이라고 한다. 학교에서 보는 수학 시험 역시 꾸준히 개념 공부, 연산 공부를 하고 여러 유형의 문제들을 풀며 연습한다면 우리에게 단지 어렵고 두려운 존재만은 아닌 것이 될 것이라는 사실을 이야기해주고 싶다.

수학 공부의 목적은 사고력 키우기에 있다

"선생님, 수학은 왜 공부해요?"

"수학 공부 안 해도 사는데 하나도 문제될 것도 없잖아요."

"사칙연산하고 살면서 필요한 몇 가지만 모아서 배우면 안돼요?"

아이들과 수학을 공부할 때면 종종 듣는 질문이다.

나도 그랬던 것 같다.

개념을 알아갈 때의 희열? 문제를 완벽하게 이해했을 때의 만족감? 사실 이런 부분은 잠깐이다. 상위 1%의 아이들에게는 이런 부분이 공부하는 동기부여가 될 수 있다. 하지만 나머지 99%는 솔직히 희열을 느끼지도 만족감을 느끼는 것도 잠깐이거나 거의 없을 것이다. 지금 당장 주는 보상심리에 많이 흔들리는 아이들에게 "지금 열심히 공부하면 나중에 성공한다. 지금 열심히 공부해놔야 나중에 네가 정말 하고 싶은 일이 생겼을 때 공부가 장애물로 네 인생을 가로막지 않는단다." 이런 말들은 실질적으로 와닿지 않는 부분인 것이다.

'나중에'는 도대체 언제를 말하는 것인가? 오히려 "20문제 풀고 5분 쉬면서 초콜릿 먹자."라고 하던가, "시험에서 90점 이상 맞으면 기프트카드 만 원권을 선물로 줄게."라는 당장의 보상이 아이들의 공부 동기나 단기적인 행동 습관을 잡아가는 데 도움이 될 것이다.

하지만 무엇이든지 근본이라는 것이 있다.

수학. 초등 36.5%, 중등 46.2%, 고등 59.7%의 아이들이 수포자의 길을 가고 있다. 이 정도라면 아이들도 이렇게 싫어하는데 수학이라는 과목은 빼거나 중학교나 고등학교에 가서 스스로 배우고 싶은 학생들만 배우게 하면 안 될까?

그럼에도 불구하고 우리나라에서는 4차 산업혁명 시대에 꼭 필요한 과목으로 수학을 넣었다. 올해 2학기부터는 'AI기초', 'AI수학' 등의 AI와 관련된 과목이 새롭게 개설된다고 한다. 이렇게 수학의 중요성은 오히려 더 강조되고 있다. 수학의 사교육 시장 또한 점점 커지고 있다. 이 책을 읽는 분들도 수학 잘하기 위해 진정으로 노력해왔을 것이다. 그런데 학교에서 집에서 하라고 하니까 막연하게 하셨으리라 생각한다. 나 또한 그래왔다.

수학 공부의 목적은 사고력 키우기에 있다.

수학은 대학 진학만을 위해서 배우는 것이 아니라 일상생활에 꼭 필요한 학문이다. 수학은 생각을 거쳐 결론에 도달해야 하는 모든 문제를 대함에 있어, 버릴 것과 취할 것을 가장 간단하고 함축적으로 정리하여 결론에 빠르게 도달할 수 있는 합리적인 사고를 학습하는 과정이다.

우리는 짧은 시간에 수많은 것들을 생각하고 결정한다. 많은 경우의 수 중에 가장 중요한 것이 무엇이고, 무엇을 포기해야 할지를 결정해주는 역할! 그것이 바로 수학을 공부하면서 얻게 되는 중요한 부분이다.

아이들이 살아가면서 수많은 결정의 순간에 놓일 때, 올바른 선택을 위해 많은 문제 중 버릴 것들을 걸러 내고 나면 선택의 폭이 줄어들게 될 것이고 그중에서도 본인에게 가장 합리적인 결정을 내리는 데 큰 도움을 주는 연습 과정! 그게 바로 수학이다.

수학 문제를 보면 어렵고, 쓸데없어 보이지만 주어진 조건에서 논리적으로 문제를 해결하는 방법을 배우고, 체득함으로써 간결하고 빠른 속도로 생각할 수 있는 과정을 꾸준히 연습할 수 있게 된다. 결국, 생각하고 궁리하는 힘. 사고력을 키우게 되는 것이다.

그럼 사고력을 키우려면 어떻게 해야 할까?

나는 대표적으로 독서를 추천한다.

또 다른 방법은 생각하는 시간이다. 사고력(思考力)은 생각하고 궁리하는 힘이다. 요즘 아이들은 바쁘게 움직인다. 학교에 가고 학원을 가고 중간중간에는 핸드폰을 손에서 놓지 않거나 TV를 본다. 몸도 뇌도 쉬는 시간이 필요한데 그렇지 못한 것이다. 생각할 시간조차 없는 것이다. 일명 '멍 때리는' 시간이 필요하다.

디폴트모드네트워크(Defeult Mode Network:DMN)는 인지 활동을 하지 않을 때 활성화되는 뇌의 부위로 멍하거나 공상을 할 때 활성화된다고 한다. tvN 프로그램 〈알쓸신잡〉에서 정재승 박사님께서 하신 말씀이다.

평소 뇌가 과제 수행 중에는 서로 연결되지 못했던 부분들이 디폴트모드일 때(뇌가 잠시 쉬고 있을 때) 뇌의 각 부위의 정보들을 연결하게 해주어 창의성과 통찰력이 증가한다고 한다.

나는 올해 전원주택으로 이사를 했다. 벌레도 많고, 잡초도 뽑아야 하고, 잔디에 물도 주어야 하는 등 아파트에 살 때보다 우리 부부는 일이 더 많아졌다. 그래도 전원주택을 선택한 이유는 딱 하나, 아이들 때문이었다. 아이를 키우면서 다른 교육적인 것보다 정서적으로 여유롭고 유쾌한 아이로 키우고 싶었다. 그런데 아파트는 한계가 있었다. 무언가 아무것도 안 하는 시간은 뛰려 하고 더 떠들려고 해서 자꾸 그 시간을 다른 것들로 채우려는 내 모습이 보이는 것이다. 요즘처럼 코로나19로 밖에 나가는 것도 자유롭지 못하고, 아파트 층간소음으로 "핸드폰 20분만 하자, 영화 이거 한편만 보자." 등 아이를 미디어로 묶어두게 되는 것이었다. 이건 아니다 싶어서 이사를 선택하게 되었다.

마당에는 장난감이 없다. 마당 2평 정도는 잔디를 심지 않아서 그곳에서 아이들은 흙놀이를 하고, 집 앞에서 개구리를 잡고, 주말엔 물놀이를 한다. 요즘 같은 날은 열심히 놀다가 잔디든 의자 위든 데크 위에든 벌렁 누워 잠시 쉰다. 순간 "으악! 흙바닥에 누우면 어떡해!" 하고 말하려다 잠시 멈추고 '아, 정재승 박사님이 말씀하신 디폴트모드에 들어갔구나~' 웃으며 생각한다.

우리의 삶은 선택의 연속이라고 한다. 아침부터 몇 시에 일어날까를 시작으로 선택이 시작된다. 애들 아침은 뭘 먹이지? 애들 옷은 뭐 입게 하나? 오늘 원복 입는 날인가? 둘째 아이 예방접종 해야 하는데 어느 병원에서 하지? 어린이집 끝나고 맞혀야 하나? 오늘 저녁은 뭐 먹지? 쇼핑할 때도 장을 볼 때도 하물며 TV채널을 돌리거나 라디오를 들을 때도 우리는 선택을 한다. 그런데 사실 앞에 나열한 것들을 의식적으로 선택하는 사람은 몇 가지를 제외하고는 많이 없을 것이다. 반복되는 선택은 무의식적으로 습관이 되기 때문에 그냥 행동하게 되는 것이다.

'하던 일을 멈추는 것과 안 하던 것을 하는 것 중 어느 것이 어려울까?' 당연히 전자가 되는 것이다. 아이들이 핸드폰이나 게임을 하는 습관을 고치기 어려운 이유이기도 하다. 어른도 마찬가지다.

우리가 살아가면서 어떤 문제를 마주하게 될 때 해결해야 하는 문제가 무엇인지 알고 문제를 작게 나누어 단계별로 처리하면 더 쉽게 해결할 수가 있다. 이렇게 문제를 효율적으로 해결하기 위해 문제를 작은 단위로 잘게 나누고 각각의 문제를 단계별로 처리하는 사고 과정을 절차적 사고라고 한다.

절차적 사고로 문제를 해결하기 위해서는 일반적으로 해결해야 할 문제가 무엇인지 파악하고 문제 해결에 필요한 정보를 생각해보는 문제 이해하기와 정보 알아보기 단계가 과정에서 제일 먼저 이루어져야 한다. 그리고 복잡하고 큰 문제를 작게 나누어 해결하기 과정을 거치게 된다.

그중 공통된 해결 방법은 묶어서 표현하고 문제를 해결하는 데 필요한 부분은 제거하는 '묶어서 표현해보기'와 불필요한 부분은 제거하기 단계이며 이를 통해 문제 해결이 이루어진다.

이런 절차적 사고 또한 문제 해결력의 한 부분으로 수학을 해결하는 과정을 통해 익힐 수 있다.

마지막으로 요즘 사고력 수학이라는 단어를 네이버 검색창에 치면 엄청난 정보들이 쏟아진다. 사고력 수학 문제들을 보면 우리가 흔히 보던 문제들과는 다르다. 그러다 보니 '이런 종류의 문제들이 사고력 문제들이구나.', '이런 문제들을 풀면 우리 아이들도 사고력이 늘겠구나.' 하는 생각에 아이들의 의사와는 상관없이 어려워 보이는 문제들을 마구 풀리는 경우가 있다. 일단 사고력 문제와 경시 대회 문제 서술형 문제들은 다르게 접근해야 할 필요가 있다.

그중에서도 사고력 문제는 저학년 때 시작하면 좋다는 이유로 어렸을 때부터 시작하는 부모님이 많이 계시다. 이건 맞는 이야기이다. 대신 무엇보다 어머님이 중요하게 생각하셔야 할 부분이 있다. 아이의 흥미를 절대 간과해서는 안 된다. 흥미를 잃으면 사고력이든 문제 해결력이든 모두 잃게 된다.

일반 문제든 사고력 문제든 문제들을 반복적으로 푼다는 것은 연습량을 늘려주고 정확도나 속도를 높여주는 일이다. 물론 사고력 문제들을 풀 때는 다양한 방법으로 생각해볼 기회가 생기지만 이것 또한 스킬이다.

사고력은 다양한 체험이나 활동 등으로 발달하는 부분이 크다. 물론 타고 나는 경우 또한 무시하지 못한다. 타고나는 경우를 제외하고, 사고력을 확장해주는 방법으로 앉아서 문제 푸는 것과 함께 활동도 추천한다.

나선형 교육 과정 모르면 수학을 알 수 없다

초등학교 고학년부터 수학이 어려운 아이가 계속 수학이 어려운 이유.

초등학교 때 공부 잘하던 아이가 중학교 때 사춘기로 친구들과 방황 후 다시 공부를 시작하는데 다른 과목들은 노력하는 만큼 성적이 오르는데 수학만큼은 노력으로 안 되는 이유.

중학교 때까지는 100점 맞던 아이가 고등학교 가서는 수학 성적이 엉망진창인 이유.

현시점, 수학 성적이 좋지 않은 이유가 무엇일까? 수학이 어려워서? 공부할 양이 많아서? 연산 학습을 하지 않아서? 개념 학습을 하지 않아서? 공통된 이유가 딱 하나 있다. 바로 내 의지와는 다르게 다른 과목과 똑같이 공부해도 성적이 오르지 않는 이유는 수학이 나선형 교육이라는 사실을 모르거나 잊고 있었기 때문이다.

나선형 교육은 1장에서 잠깐 언급한 적이 있지만, 다시 한번 이야기를 하려고 한다. 처음에는 쉬운 교육 내용을 배우고 단계적으로 계속해서 학습 내용의 수준을 높여가며 확장하고 깊이 있게 배우게 되는 것을 나선형 교육이라고 한다. 대표 과목이 우리가 배우는 수학이다. 초등, 중등수학을 기본부터 탄탄하게 잘 닦아두어야 하는 이유이다. 이전 과정을 이해하지 못한 아이들은 다음 과정에서 새로운 개념을 익힐 수가 없다. 그러면 수학이 어려워지고 포기하게 된다.

또 하나, 이런 경우도 있다. 현 학년을 충실히 공부했다. 그러다 1년 뒤 연계 단원을 공부하려 하는데 전에 배운 내용이 기억이 나지 않는 것이다. 공부를 제대로 했던 아이들은 더듬거리며 기억을 찾을 수 있지만, 중위권, 하위권 아이들은 모르면 모르는 대로 넘어가는 경우도 많다. 그래서 나는 단원이 시작하는 첫 시간에는 이 단원의 전 단계에 해당하는 내용에 관해 언제, 어떤 것들을 배웠는지 예시로 몇 개 들어주고 이야기를 나눈 후 수업을 진행한다. 상위권 반인 경우는 앞으로 어떻게 확장되는지까지도 이야기를 해준다. 이 단계가 진정한 선행이라고 볼 수 있다.

예를 하나 들어볼까 한다.

초1 때 덧셈과 뺄셈을 배운다.

초2 때 받아내림과 받아올림을 하는 덧셈과 뺄셈, 더불어 반복되는 덧셈의 횟수를 쉽게 나타낸 곱셈을 배운다. 그래서 덧셈을 정확히 알아야 곱셈도 명확하게 이해할 수 있다.

초3 때 세자릿수 네자릿수의 덧셈과 뺄셈을 배운다. 하지만 여기서도 우리가 받아올림과 받아내림을 하는 것은 두 자리에서 다 해결이 되는 부분이다. 그렇기에 자세히 알고 보면 초2 때 받아내림과 받아올림 공부를 확실하게 한 아이들이 3학년에 가서도 덧셈과 뺄셈의 계산을 실수 없이 하는 것을 볼 수 있다. 초3 때 곱셈도 배운다. 간단하지만 곱셈과 나눗셈의 관계를 함께 배운다.

초4가 되었다. 초4 때 덧셈과 뺄셈의 계산은 잠시 쉬고 큰 수에 대하여 배운다. 그리고 곱셈과 나눗셈을 본격적으로 배운다. 두 자릿수÷한 자릿수, 세 자릿수÷두 자릿수 등을 배운다.

초5 때 지금까지 배워왔던 것들을 정리하면서 한층 더 깊게 배운다. 약수와 배수, 통분 그리고 혼합계산을 배운다.

중간에 어디 하나 빠지면, 그 공백을 채우며 현 학년 진도까지 맞춰가야 하기에 바쁘다. 초등학교까지는 이렇게 저렇게 그 공백을 채울 수 있겠지만 중학교, 고등학교에 가면 그 공백의 양이 그 학년으로 끝나는 것이 아니라, 그 전 학년 그 전 전 학년으로 이어지면서 그 양이 너무 많아지게 된다. 아이는 그것을 채울 자신도 없고 그것을 누군가 채워준다는 사람도 없다. 왜냐하면, 일단 현재 학년 진도 나가면서 설상가상 선행을 하다 보면 부족했던 학년 내용은 어느 정도는 채워질 것이라는 생각으로 수학을 공부하고 가르치는 사람이 있기 때문이다. 나는 정말 잘못된 생각이라고 말한다.

아이는 점점 수학이 재미없고 지루하고 싫고 따분하고 들어도 이해가 가지 않고 왜 하는지 모를 정도로 부정적 그 자체 과목이 된다. 하기 싫어도 억지로 하는 사람은 어른이다. 미래를 내다볼 수 있는 어른은 잠깐의 고통은 참고 조금 더 편한 미래를 택하는 참을성이 있다. 하지만 아이들은 아니다. 학원이라는 것이 자기의 선택권 밖이라고 체념한 듯이, 하기 싫은데 도대체 왜 하는지 모르겠다는 멍한 표정으로 학원 문을 드나든다. 멍하니 선생님의 설명을 듣고 잠깐의 짬이 나면 핸드폰으로 게임을 하거나 SNS를 본다. 다시 숙제를 하는 의미 없이 반복되는 일상이 계속된다.

의미가 없다고 하는 것은 아이가 뜻이 없기 때문이다. 공부해야 하는 명확한 이유가 있어야 즐겁게 움직일 수 있는데 한창 즐거워야 할 나이에 무언가 체념한 듯한 무미건조한 표정과 그 와중에도 핸드폰이나 게임으로 즐거움을 찾으려는 아이들과 그것마저 못마땅해하는 부모들을 볼 때면 우리는 정말 어디를 향해 걸어가는 것인가 생각을 할 때가 있다.

반복적인 일상을 보내더라도 내가 원하는 목표를 위해 잠시 스쳐 가는 시간이라 생각하며 '이 또한 지나가리라.'라며 외치고 보내는 시간과 억지로 보내는 시간은 같은 시간이라도 질적으로 너무나 다른 것이다.

아이들 대다수가 나선형 포기자가 되고 있다. 우리 아이들을 이렇게 그대로 둘 수는 없다.

방법을 찾아보자.

언택트시대, 2020년 코로나19 팬데믹으로 세계가 큰 타격을 받았다. 대한민국도 예외는 아니었다. 국민의 사회적 거리 두기 적극 참여로 타 국가에 비해 뛰어난 성과를 방역에서 거둬 세계가 주목하는 국가로 선정되기도 했다. 우리 삶은 코로나19 전후로 급격한 변화를 맞고 있다.

여러 변화 중에서 아이를 키우는 엄마로서 교육에 대한 변화를 빼고 말할 수 없다. 다행히도 나는 올해 초등학교 1학년이 되는 큰아들이 있어서 작년에 1학년을 맞이한 아이들 부모보다는 혼란스러움은 덜했다.

하지만 옆에서 바라봤을 때 심각한 문제들이 많았다. 일단 아이들이 학교에 가지 못하면 제일 문제는 맞벌이 부모이고 그 혼란한 상황에서 아이들은 원격수업, 줌 수업을 한다. 저학년 아이 혼자 하기란 쉽지 않다. 부모들은 교대로 휴가를 내고 꾸역꾸역 시간이 흘러갔다.

1년이 넘는 시간이 흐르고 아이들이 학교에 가는 횟수도 늘고 학원에 다니기도 한다. 어느 정도 일상으로 돌아온 듯이 보이지만 전문가들은 이야기한다. 10년 뒤에 겪을 미래의 일상들을 겪은 이상 다시 과거의 일상으로 완전히 돌아갈 수 없다고.

그러면서 어느덧 아이들도 혼란스러웠던 일 년이라는 시간을 통해, 줌 수업이나 온라인으로 소통하는 것에 익숙해진 것 같다. 줌 수업이나 인터넷 강의도 많아지고 배우고자 한다면 유튜브나 EBS에서 질 좋은 무료 강의도 수강할 수 있다. 이런 온라인 교육들을 적극적으로 활용하는 것을 추천한다.

초등의 70~80%가 수와 관련된 단원이다. 수를 다루는 단원은 연산을 자유자재로 해야 한다. 초등학교 때 이 과정을 잘 닦아놓아야 중학교에 가서 연산을 기반으로 수를 확장하거나 두세 개의 수 개념을 섞어놓은 문제를 풀 때 연산으로 발목을 잡히는 일이 없다.

글을 잘 읽고 자기의 생각을 글로 잘 표현하기 위해 한글을 배우는 것처럼, 방정식, 함수, 미적분 등의 개념을 이해하고 문제를 풀기 위해서는 초등연산은 한글에 불과하다. 숨 쉬는 것처럼 자연스럽게 연산 학습 과정이 아이에게 스며들어가 있어야 하는 것이다.

나선형 교육 과정에 대해 아는 학생들은 많이 없을 것이다. 단, 느낌으로 '이전 내용을 모르니까 계속 모르는구나.' 이 정도만 알고 계속 수학을 어려워한다. 이제부터라도 아이들은 몰라도 수학을 가르쳐주는 어른들은 알아야 한다. 그래야 아이가 수학을 어려워할 때 왜 그런지 이유를 찾을 때 나선형 교육과정에서 도움을 받고 때로는 잘하는 아이를 더 앞으로 이끌어줄 방법이 되기도 한다.

*요즘 중학교에서 실시하고 있는 〈자유학기제〉와 현 6학년 아이들이 고1이 되면 실시되는 〈고교학점제〉에 대하여 간단하게 설명해보았다.

〈자유학기제〉

자유학년제는 2018년, 희망하는 중학교의 1학년을 대상으로 처음 도입되었다. 시행 후 여러 가지 장점들이 발견되어 자유학기제에서 자유학년제로 실시하고 있는 학교들이 많아졌다. 자유학기제가 중학생 기간 중 한 학기였다면, 자유학년제는 중학교 1학년, 1년 동안 중간고사 및 기말고사를 보지 않는다.

1년 동안 지필 시험을 시행하지 않게 되면서 결과를 산출할 때 개별적인 특성이 드러나도록 문장으로 기록하게 되었다. 즉, 수, 우, 미, 양, 가 또는 잘함, 보통, 못함 등의 평가가 없어졌다.

성적보다 성장과 발달에 중점을 둔 것이다. 즉, 수동적인 활동이 아닌 주체적인 학생의 학습을 평가하는 과정 중심 평가하기 위함이다.

그럼 자유학년제의 장점은 무엇일까?

우선, 진로 탐색에 도움이 된다.

자유학년제는 아일랜드의 전환학년제와 덴마크의 에프터스콜레와 유사한 모델로 두 학기 동안 진로교육을 통해서 학생들의 꿈을 찾게 해준다. 오전에는 교과 수업이 이루어지고 오후에는 학교가 자율적으로 예체능, 토론, 동아리 활동을 선택해 운영하거나 진로 심리검사와 같은 상담을 병행하고 있다.

두 번째는 체험학습이다.

학생의 적성과 소질을 찾을 수 있도록 관심사에 따라 다양한 프로그램에 학생들이 참여토록 해 자신의 적성과 장점을 발견할 기회를 준다.

세 번째는 핵심 역량(해당 업무를 수행할 수 있는 능력) 발굴이다.

창의성은 4차 산업사회에서 가장 필요하다고 할 수 있을 만큼 중요한 요소이다. 그렇기에 자유학년제는 협동과 의사소통을 통한 토론 등의 프로그램을 통해 개개인의 역량을 개발해 창의성을 기르는 교육 내용과 방식을 지향한다.

네 번째는 학생 참여형 수업이다.

그동안은 참여형 수업보다는 주입식 교육에 치중된 학습을 해왔는데, 자유학년제는 흥미에 따라 수업을 고를 수 있고 학생이 직접 적극적으로 토론하고 실습하는 학습 환경을 지향한다.

이렇게 자유학년제에 참가한 1학년 학생은 고등학교 입학전형에 1학년 교과 내신이 반영되지 않는다. 즉, 학생들의 내신부담은 줄어들 것으로 본다. 또한, 활동을 통한 과정 중심의 평가를 하겠다고 도입된 것이 자유학년제의 본래 취지이므로 공부에 관심이 없던 학생들에게 자신들의 꿈과 희망, 적성을 찾는 데 도움을 주며, 의욕이 없던 학생들에게 어떤 분야에 관심을 생기게 하고 공부하고 싶다는 의욕을 불러일으킬 수 있다.

단점으로는 자유학기제의 본뜻을 망각하고 1학년은 시험을 안 본다고 생각하여, 한 학기 또는 한 학년 동안 공부를 소홀히 하는 경향이 많이 나타난다. 그러다가 국어, 영어, 수학 등 주요과목들의 시험들을 보면 성적이 말도 하지 못할 정도로 나쁘게 나오는 것이다. 오전에는 주요과목들 수업이 있다. 진도는 진행되기 때문에 단원이 끝날 때마다 자체적으로 이해는 하고 있는지 정도는 평가하는 것이 필요하다.

〈고교학점제〉

"학생들이 진로에 따라 다양한 과목을 선택·이수하고, 누적학점이 기준에 도달할 경우 졸업을 인정받는 제도를 말한다. 2020년 마이스터고에 우선 도입된 뒤 2022년에는 특성화고 · 일반고 등에 학점제 제도를 부분 도입하고, 2025년에는 전체 고교에 전면 시행된다."

이렇게 설명을 해놓으니 무슨 말인지 나도 잘 모르겠다. 그래서 조금 쉽게 정리해보았다.

2009년생부터(2021년 기준, 초6 학년이 고1이 되는 시점.) 고등학생들이 대학생처럼 수업을 선택해서 시간표를 구성하고 일정 학점을 취득하면 졸업을 할 수 있는 제도이다.

기존 교육과 크게 달라지는 것은 두 가지로 볼 수 있다.

첫째, 절대 평가로 바뀐다.

아이들은 2가지 방식의 성적표기를 경험하게 된다.

1. 9등급 상대 평가. (기존 방식)

고등학교 1학년 때 배우는 공통과목은 고교학점제에서도 등수를 낸다.

쉽게 우리 반 친구가, 내 짝이 경쟁자가 된다는 뜻이다.

2. 6등급 성취도 평가 방식. (새로운 방식)

2, 3학년 때 배울 선택 과목들은 절대 평가 방식으로 평가한다.

90점 넘으면 A등급,

80점 넘으면 B등급,

40점 미만은 해당 과목의 학점으로 인정되지 않는다.

즉, 이수할 수 없다.

하지만, 절대 평가는 등수를 나눌 필요가 없기에, 상대 평가보다 시험 난이도가 평이할 것으로 본다. 또한, 교육부에서도 미이수를 대비하여, 재수강이나 보충수업 같은 제도로 대체할 수 있는 것을 생각하고 있다.

둘째, 진로 선택이 빨라진다.

4차 산업혁명으로 많은 직업의 존폐문제로 인해, 아이들의 자기주도성과 역량을 성장시켜야 한다는 취지로 고교학점제가 도입된다고 한다. 강의식 수업에서 학생들이 주도적으로 이끄는 프로젝트 수업이 대세가 된다는 것을 의미한다. 그 때문에 시간표도 자기주도적으로 짜야 한다. 나만의 시간표를 짜려면, 나의 진로를 정확히 알아야 한다.

고교학점제가 시행되면 가장 문제가 될 아이들은 꿈이 명확하지 않은 아이들이다. 꿈이 없는 아이는 이제 시간표도 제 손으로 짤 수가 없다. 때문에, 자녀와 함께 진로와 적성을 고민해주는 시간을 가져야 한다.

이제 우리 아이들에게 진로 및 적성을 탐색하는 것은 하면 좋은 일이 아니라 반드시 해야만 하는 일이다.

5장

수학은
자신감이다

수학은 자신감이다

〈모소 대나무 이야기〉

중국의 동부 지방에 새로 이사 온 장사꾼이 있었다. 그의 눈에는 무엇 하나 신기하지 않은 것이 없었다. 그런데 아무리 보아도 도무지 이해하지 못할 게 하나 있었다. 그 지방 농부들이 대나무를 키우는 방법이었다. 농부들이 심은 대나무는 다른 곳과 달리 제대로 자라지 않았다. 자라기는커녕 작은 싹 하나도 제대로 틔우지를 못했다. 공들여 심어 놓아봤자 감감무소식이었다. 장사꾼이 농부들에게 어째서 그런 대나무를 심는지 물었지만, 그들은 빙긋이 웃기만 할 뿐 별다른 설명을 하지 않았다. 한 해가 지나도 대순은 돋지 않았다. 그다음 해도 마찬가지였다. 장사꾼은 그것을 보면서 농부의 어리석음을 탓했다.

대나무 자체에 문제가 있는 것이 분명하다고 생각했다. 4년이 지났지만, 대나무는 여전히 순을 내지 않았다. 그러나 농부들은 전혀 신경 쓰지 않고 자신들이 할 일을 계속했다.

그런데 5년째가 되자, 대나무밭에서 갑자기 죽순이 돋기 시작했다. 그것도 한 번에 헤아릴 수 없을 정도로 한꺼번에 많이. 대나무들은 마치 마술에 걸린 것처럼 하루에 한 자도 넘게 자라기 시작했다.

6주가 채 되기도 전에 15m 이상 자라나서 빽빽한 숲을 이룰 정도가 되었다. 농부들은 그제야 칼을 꺼내 들고서 대나무를 베어냈다. 장사꾼은 자신이 본 광경을 믿을 수 없어 한 농부에게 물었고 농부는 이야기했다.

"자네는 잘 모르겠지만 '모소'라는 이름을 가진 이 대나무는 순을 내기 전에 먼저 뿌리가 땅속으로 멀리 뻗어나간다네. 그리고 일단 순이 돋으면 길게 뻗은 그 뿌리들로부터 엄청난 자양분을 얻게 되어 순식간에 키가 자라는 것일세. 5년이라는 기간은 말하자면 뿌리를 내리는 준비 기간이라고 할 수 있지."

모소 대나무는 심은 지 4년 동안 전혀 자라지 않는다. 5년째 되는 해에 자라기 시작해 6주 만에 15m 이상 자라난다. 오랜 기간 자신을 감추고 미래를 준비하고 뿌리를 가꾸면서 때가 되면 힘차게 뻗어나갈 수 있도록 그렇게 놀랍도록 인내하는 것이다. 자신이 흔들림 없이 뻗어 나갈 수 있을 때 비로소 자신을 드러낸다. 이것을 '퀀텀리프'라고 한다.

나는 이 이야기를 보고 우리 부모들이 아이들을 대하는 모습을 떠올리게 되었다.

유치부나 초등저학년의 아이들은 부모의 기분 좋은 설득에 끌려 엄마 손을 잡고 학원에 온다. 그리고 기분 좋게 수학을 알아가고 공부한다. 나의 마음도 편하고 좋다.

반면에 초등고학년 이상의 아이들은 본인 스스로 학원에 오고 싶어서 오는 경우는 드물다. 부모님의 판단하에 아이가 수학 공부가 필요하다고 생각하여 반강제로 학원에 오게 된다.

하고자 하는 마음이 있는 아이와 전혀 하고자 하는 마음이 없는 아이를 가르치는 건 천지 차이이다. 처음에 학원에 왔을 땐 수학에 관심도 없었을 뿐만 아니라, 수학도 싫어하는 아이가 많다. 그래도 초등고학년 아이들은 부족한 연산 잡아주고 개념공부 하면서 조금씩 습관을 잡아나가면 된다. 그것을 알기 때문에 어느 아이든 포기할 수가 없다.

그리고 벌써 수학을 포기하면 앞으로 6년 넘는 수학 시간을 허투루 보내게 된다. 그 아까운 시간을 멍하니 보낸다는 게 눈으로 선하게 보이다 보니 안타까울 때가 많다. 그래서 더 아이들을 포기하지 못하는 것 같다.

수학을 싫어하는 아이들을 강제로 공부부터 시키는 건 무모한 짓이다. 동기부여가 필요하다. 중고등학생의 경우에는 생각도 많이 자라고 주변에서 듣는 이야기도 많아서 공부를 해야 하는 필요성을 어느 정도 인지한다. 하지만 초등학생들은 다르다.

"나중에 행복하게 사는 데 공부가 꼭 필요하지는 않지만 도움이 될 수 있기에 공부를 해야 한단다." 또는 "나중에 네가 하고 싶은 것을 하려고 할 때 너의 성적이 걸림돌이 되지 않기 위해서 공부를 해야 한단다." 이런 말들은 아이들에게 허공을 맴도는 말일 뿐이다.

시간이 흐르고 여름이 되서야 위에 나열한 이유뿐만 아니라 공부를 해야 하는 모든 이유가 다 마음에 와닿는다.

"학생 신분으로 공부만 할 때가 좋았지."
"돈 걱정 안 하고 학생일 때가 좋았지."

우리도 학생일 때 그렇지 않았던가. 나도 이런 때를 겪어왔기 때문에 강하게 이야기한다고 해서 아이들에게 전혀 먹히지 않는다는 걸 안다. 그래서 나는 나만의 방법으로 천천히 아이들과 친해지는 연습부터 한다.

처음 학원에 오면 제일 중요한 연산부터 하면서 이야기를 나눈다. 처음에는 어색해하고 잘 얘기하려 하지 않는 아이들도 있다. 반면에 어른과의 대화를 즐거워하는 아이들도 있다.

어른과의 대화를 마냥 즐거워하는 아이와 잘 주고받는 아이는 다르다. 질문도 잘하고 본인의 이야기도 잘하는 아이는 집에서도 부모님과의 대화가 잘 이루어지는 아이이다. 반면에 어른과의 대화가 마냥 좋아서 호기심 섞인 질문만 한다거나 엉뚱한 대답을 하는 아이들이 있다. 이런 아이들은 가정에서 부모와 소통을 잘하지 못하는 경우가 있다. 부모는 아이와 소통이 된다고 생각해도 아이는 본인의 의견을 마음껏 펼치지 못하는 것이다. 이런 경우는 학원에서 나와 수다를 많이 떤다. 그러면서 포장되어있던 자기의 생각과 감정들을 하나씩 드러낸다. 이런 모습을 볼 때면 아이들이기 때문에 가능한 일이라 생각하고 아이들의 변화가 너무 좋다.

아이와 이야기를 나누는 이유는 아이들의 마음 상태를 파악하기 위해서이다. 이 나이 때는 정서적으로 안정이 되어야 공부도 잘할 수 있다. 공부하는 건 어떤지, 학교 다니면서 어려움은 없는지, 요즘 고민은 무엇인지, 배우고 싶은 건 있는지 등 현재 상황을 물어본다. 그리고 가볍게 공부를 시작한다.

아이들이 수학을 좋아하길 바라며 갑자기 수학 공부를 열심히 해서 수학 성적이 급상승하는 것을 바라는 것이 아니다. 물론 수학 성적이 오르면 당연히 좋겠지만 내가 아이들에게 바라는 것은 딱 하나이다. 아이들이 수학 공부에 자신감을 느끼게 되는 것이다.

"수학 별것 아니네, 나도 충분히 할 수 있겠어, 해보자."

수학이라는 과목 자체가 어쩔 수 없이 자신감이 떨어질 수밖에 없는 과목이다. 학년이 올라갈수록 어려워지고 개념의 양도 많아지고 문제의 양도 많아지기에 나는 전과 똑같이 공부한다고 해도 체감으로는 점점 부담을 갖게 되는 것이다. 그러면서 자연스럽게 자신감도 떨어지게 된다. 어린아이들도 '내가 1학년 때 하던 것보다 잘하지 못하네, 나는 수학을 잘하지 못하나 봐.' 이렇게 생각을 하게 된다. 얼마나 잘못된 생각인가. 몇 문제 맞고 틀린 것으로 본인의 수학 실력을 자연스럽게 판단하기까지 하니.

그때 중요한 역할을 해줄 수 있는 사람이 있다. 바로 부모이다. 이제 공부를 시작하는 아이한테 받아쓰기 몇 문제, 수학 몇 문제로 기를 죽일 필요가 전혀 없다. 그리고 절대 그래서도 안 된다. 저학년뿐만 아니라 부모의 잘한다는 말 한마디에 정말 내가 잘하는 줄 믿는 고학년 아이들이 바로 우리 아이들이다.

아이마다 저마다의 공부 속도가 있기에 기초 뿌리를 내리는 시간은 제각기 다를 것이다. 누구는 3년, 누구는 6년 누구는 빠르면 1년이 걸릴 수도 있다. 그때 우리는 앞서 본 〈모소 대나무 이야기〉의 농부를 떠올려야 한다. 이 농부처럼 물을 주고 믿음으로 기다려주면 되는 것이다. 그 믿음이 아이를 뿌리 깊고 자신감이 가득 찬 아이로 키우는 것이다.

엄마가 수학을 두려워하면 아이도 두려워한다

우리 어른들도 좋든 싫든 돌아보니 12년이 넘게 수학을 공부해왔다. 초등학교 6년, 중고등학교 6년. 우리 아이들도 우리만큼 또는 그보다 더 긴 시간 동안 수학을 공부하게 될 것이다. 그런데 한 번쯤 수학이라는 학문을 왜 공부해야 하는지 진지하게 생각해본 적이 있는가? 혹은 주변에 어느 어른이라도 공부를 해야 하는 이유에 대해서 진지하게 이야기를 해준 적이 있는가?

산을 오르더라도 정상이 어디인지 알고 오르는 것과 모르고 오르는 것은 천지 차이이다. 어떠한 일이든 끝을 알고 끝에서 바라보며 그 일을 하는 것은 처음부터 시작하는 사람과 출발점이 다르다. 무엇이든 끝에서 생각하고 판단하면 그 상황을 내려다보는 힘이 생기고 그 상황보다 나를 더 크게 보기 때문에 어떠한 어려움도 극복할 힘이 생기는 것이다.

우리는 늘 문제 속으로 들어가 문제들을 들여다보기 때문에 그 상황이 더 크게 받아들여진다. 안 좋은 상황은 더 안 좋게 나에게 들어와서 나를 벼랑 끝으로 떨어뜨리고 반대로 좋을 때는 기분이 어린아이처럼 마냥 신이 난다. 우리 인생사가 하루하루가 축제이면 좋겠지만 그렇지가 않다. 감정을 내가 컨트롤할 줄 알아야 한다. 그 방법으로 어떠한 상황이든 끝에서 바라보고 끝에서 시작하고 그 상황에 빠지는 것이 아닌 내려다볼 수 있는 관찰자가 되어야 한다.

감정을 적절하게 표현하는 것은 좋다. 우리의 곁에서 가장 많이 보고 습득하는 아이들에게도 좋다. 단 부모의 감정이 오르락내리락하며 좋을 때는 끝도 없이 좋고 슬프다거나 화가 날 때는 감당이 안 되는 모습을 자주 보여주는 것은 아이에게 정서적으로 좋지 않다고 한다.

여러 육아서적을 보면서 일관되는 내용으로 나에게 와닿는 것이 있었다. 엄마의 감정은 아이에게 고스란히 전해진다는 것이었다.

아이를 그냥 열심히만 키우면 되는 것이 아니라는 생각이 들었다. 아이에게 나는 어떤 부모인가를 돌아보게 하였다. 더불어 부모이기 이전의 인간 이샛별도 다시 돌아보게 되었다.

인간 이샛별과 엄마 이샛별로 나뉘어 살아가야 하는가? 이건 내가 할수 없을 것 같았다. 인간 이샛별은 화가 나는 상황에서 엄마 이샛별은 아이를 위해 화를 참고 아이를 대한다는 건 나는 불가능했다. 다른 방법을 찾아야 했다.

사실 아이를 키운다는 건 하루 이틀로 끝나는 일이 아니다. 아이가 20세 성인이 되고 50세가 되어도 끝이 나는 건 아니다. 어린아이를 기르는 것을 육아라고 한다. 부모에게 자식은 늘 어린아이이기 때문에 부모의 육아는 끝이 없다.

그래도 인생이라는 긴 여행을 나도 지치지 않고 우리 가족들도 지치지 않으면서 때로는 길을 일탈하더라도 다시 제자리로 돌아오고 가족이 함께 웃으며 인생이라는 여행을 즐겁게 다닌다면 얼마나 좋을까 하고 생각해보았다.

그랬을 때 아이들도 하나의 가족 구성원으로서, 인격체로서 존중해주어야겠다는 생각을 했다. 자립심을 키워주고 싶었다. 엄마만 늘 너희를 보살펴주는 것이 아니라, 가족은 서로서로 보살펴주는 것이라는 이야기를 많이 한다. 그리고 씻는 것도 큰아이는 다섯 살 무렵부터 혼자 씻었다. 물론 어설프긴 하지만 다정한 아빠 덕분에 아빠와 씻을 때 아빠가 잘 설명해주고, 잘 봐둔 덕인지 그 나이 치고는 스스로 잘 씻었다. 그리고 여섯 살부터는 동생과 함께 서로 씻겨주었다. 다 씻고 나면 "검사"를 외치면 내가 헹궈주었다. 물론 비눗물이 그대로 있을 때도 있었지만 서로 등을 닦아주고 번갈아 가며 순서를 정해서 씻는 모습들에 엄청난 칭찬을 해주곤 했다. 옷도 세 살 무렵부터 스스로 입게 했다. 티가 앞뒤가 바뀔 때도 있고 양말이 반대일 때도, 팬티 앞뒤를 바꿔입을 때도 있지만 아이가 불편하지 않다면 그건 그렇게 중요한 일이 아니다.

그리고 더러운 것도, 넘어지는 것도 아이에게는 좋지 않지만, 아이가 크게 위험한 상황만 아니면 넘어가자. 학습의 모토는 '아이는 아이마다 공부의 때가 있다. 그때는 부모가 가져다주는 것이 아니며, 아이 스스로가 찾는 것이니 그때를 기다려주자.'라는 마음을 기준으로 삼고 있다.

그 외에 어른들께 인사하기, 아이 말 끊지 않기, 식사 예절 지키기(밥 먹을 때 노래 부르지 않기, 수저 놓기, 물은 self), 때리는 것(아이도 나도 때리지 않기), 거짓말하지 않기, 집에서 규칙 지키기(손 씻기, 씻고, 밥 먹고, 양치하고, 핸드폰하고, 숙제하고, 잠자고 등 기본적인 루틴과 정해진 시간 지키기), 밖에서 규칙 지키기(신호등, 안전벨트 착용, 공공장소에서 뛰지 않기 등등) 우리 가족끼리 정해놓은 기본 틀이 있다. 물론 가끔 주말이나 사람들이 놀러 오는 날이나 생일인 날은 예외로 자유로운 날도 있다.

큰아이를 낳기 전까지 학원에서 수학 강사 일을 했고 큰아이 출산 이후부터는 쭉 육아를 해왔다. 그러다가 둘째 아이 돌잔치 이후 2개월 정도 지나 바로 공부방을 시작하게 되었다.

우리 부부는 두 아이 모두 어린이집에 일찍 보냈다. 돌 무렵부터 어린이집에 보낸 것이다. 주변 지인 중 몇몇은 일도 안 하면서 왜 이렇게 아이를 어린이집에 일찍 보내냐고, 말도 하지 못하는 아이가 안쓰럽다며 우리 부부의 육아 방식이 잘못되었다는 듯이 이야기하기도 했다. 많은 육아서적을 보지만 나도 실전 육아는 처음이고 엄마 역할을 하는 것도 처음이다.

'정말 아이를 어린이집에 일찍 보내면 안 되는 건가? 어쩔 수 없이 맞벌이하는 부모만 눈물을 삼키며 어린이집을 보내야 하는 건가?'

남편과 공동 육아를 하고 있던 우리 부부가 아이를 일찍 어린이집에 보내자고 이야기를 나눈 이유는 잠깐이라도 아이가 어린이집에 가 있는 동안 우리는 몸과 마음을 충전하자는 의도가 있었기 때문이었다. 그래서 아이를 다시 만났을 때 조금 더 좋은 에너지로 아이들을 대해주고자 하는 생각에서였다.

24시간 붙어 있으면서 부정적 에너지로 가득한 엄마보다 하루 18시간 붙어 있고 긍정적 에너지를 전해주는 엄마가 아이에게는 더 좋다고 생각했기 때문이다.

고민이 되기는 했다. 육아서적들에도 아이가 만 3세까지는 정서적으로 부모가 주 양육자가 되어주는 것이 좋다고 나와 있는 것을 어느 책에서 본 기억이 있기 때문이었다.

'1년 더 데리고 있을까? 하긴 지금 너무 어리긴 해.'

그때 남편과 다시 이야기를 나누었다. "보내보기로 한 거니까 한두 시간씩 보내보고 계속 울고 힘들어하면 그때 다시 생각해보자. 우리가 더 신경 쓰면 되지." 그렇게 이야기를 마무리하고 첫째 아이는 어린이집으로 갔다. 적응하는 일주일은 울었지만 금방 적응하고 즐겁게 잘 다녔다.

첫아이가 처음 어린이집에 간 날은 지금도 기억이 난다. 아이가 적응 기간이라서 어린이집에서 연락이 오면 바로 가야 하기에 그 당시 당진 신평에 살고 있던 우리 부부는 어린이집 근처 커피숍에서 한 시간 반 동안 자유를 만끽했던 기억이 아직도 생생하다. 다시 긍정의 에너지로 아이와 집에 갔던 기억까지도.

조금은 이기적으로 들릴지 모르겠지만 엄마가 행복해야 아이가 행복하다. 엄마가 수학을 두려워하고 수학에 대한 부정적인 단어를 자주 내뱉으면 아이는 그 부정적인 단어가 뜻하는 대로 된다. 말의 힘, 생각의 힘은 무서운 것이다.

17초의 법칙이 있다. 부정적이든 긍정적이든 내 머리에 내 마음에 17초 동안 머무는 순간 우주의 법칙이 작동하여 그렇게 행해지도록 만든다. 예를 들어 수학 문제 하나를 푼다고 치자. 엄마도 잘 모르고 아이도 잘 모른다면 서로 알아가고 찾아가면 되는 것이다.

17초 동안 엄만 이야기한다.

"너는 학원에서 이거 안 배웠어? 이거 배울 동안 뭐 했어? 돈이 남아돌아서 학원 보내주는 줄 알아? 이럴 거면 이번 달까지만 다니고 끊자."

극단적이다.

다른 엄마의 17초이다.

"배운 것 같은데 잘 기억이 안 나? 앞의 문제에서 비슷한 것 한번 찾아보자. 어? 이건 맞았네. 이건 어떻게 푼 거야? 한번 풀어보자. 잘 푸네.

기억 조금 나? 문제 다시 한번 읽어보자."

긍정적이다.

아이는 수학에 대한 긍정적인 에너지로 또 문제를 풀 것이다. 하지만 나도 안다. 기껏 학원 보내놨더니 배운 내용 매일 틀려오고 숙제도 잘 하지 않고 오랜만에 숙제 좀 봐주려고 했더니 모른다고만 하고….

답답하지만 노력해보자. 부모의 노력으로 아이가 수학을 조금 더 즐겁게 할 수 있는 길이 열린다면 기꺼이 해볼 만하지 않을까?

성취감을 높이는 엄마의 한마디 "너 참 대단하구나!"

"교육은 어머니의 무릎에서 시작되고 유년기에 들은 모든 언어가 아이의 성격을 형성한다."

– 호세아 벌루

몇 년 전에, 한 예능에서 개그맨 신동엽이 나와서 한 이야기가 생각이 난다.

아들이 말을 잘 안 들어서 자주 혼을 내다보니 이러면 안 되겠다 싶었다고 한다. 그래서 칭찬을 하기로 마음을 먹고 아들에게 칭찬을 시작했다. 말할 때마다 "~구나."로 하면 좋다고 해서 아들이 뭔가 할 때마다 "정말 잘하는구나.", "대단하구나.", "멋지구나." 하며 계속 칭찬을 했다. 하루나 지났을까 또 칭찬하려고 했더니 아들이 버럭 화를 내며 하는 말이 "제발 '구나' 좀 그만해!"

워낙 말솜씨도 좋고 개인적으로 좋아하는 개그맨이라서 재미있게 들었던 기억이 있다.

예전에는 어른들이 아이들을 칭찬하는 것에 인색했다. 그러다 어느 순간부터 교육전문가들이 아이들에게 칭찬을 많이 해주라는 말을 많이 하게 되었다. 『칭찬은 고래도 춤추게 한다』라는 책이 나올 정도로 칭찬을 중시하고 있다.

'라떼는 말이야~' 꼰대 같지만 내가 어렸을 때 만해도 엄마 아빠의 칭찬을 듣는 일은 자주 없었다. 집집마다 달랐겠지만 유독 대화로 표현하는 것들이 서툴렀던 우리 가족이다. 딸만 둘이지만 아빠에게 다정하고 애교를 많이 부리는 딸들이 아니었다. 서로의 애정표현들을 어색해하고 오히려 장난스러운 분위기를 편하게 생각했다. 화가 나거나 슬픈 감정이 들 때면 이야기하고 공유하고 위로를 주고받기보다는 서로 각자 해결했었다.

그러다 보니 지금도 표현에 서툰 부분들이 드러나곤 한다. 부부싸움을 할 때도 내가 기분 나쁜 이유를 이야기하며 상황을 풀어나가기보다는 말을 안 하고 쌓아두고 삐치고 기분 나쁜 이유를 말하지 않는다. 감정에 솔직하지 못한 것이다. 솔직하게 감정을 드러내는 방법을 가정에서 배우지 못한 것이다.

어렸을 때의 환경에서 받은 영향을 커서도 받는다는 것을 느끼게 되고 나는 우리 아이들에게 감정에 솔직해지도록 나부터 감정표현을 자유롭게 의식적으로 하고 있다. 거기에는 칭찬하는 말들도 많이 포함되어 있다.

그래서 칭찬이 필요한 어색한 집은 무리하게 남의 옷을 입은 듯 칭찬하다가 며칠 못하고 포기하는 것보다 감정표현을 자유롭게 하는 것부터 시작해보는 게 바람직하다고 생각한다.

요즘은 아이들에게 칭찬을 해주는 것이 아이의 자존감도 높여주고 성취감도 높여준다는 것을 알기에 부모는 육아하면서 칭찬이라는 것을 머리의 한구석에 자리를 잡게 하고 있다.

그래서 이젠 칭찬도 그냥 무작정 '잘한다, 잘한다.'라는 정도에 그치는 칭찬이 아니라 구체적으로, 세세한 부분에 대해 칭찬을 해줘야 한다고할 정도다.

어렵다. 말도 잘 듣지 않는 시기의 아이들에게 칭찬을 해주는데 그것도 구체적으로 하라니. 무언가를 구체적으로 한다는 건 그 상황을 구체적으로 바라봐야 한다는 것을 의미한다.

칭찬이 점점 세분화하고 있다. 우리 아이에게 맞는, 상황에 맞는, 과하지 않은 칭찬을 해주어야 한다.

稱讚(일컬을 칭, 기릴 찬): 좋은 점이나 착하고 훌륭한 일을 높이 평가하는 것을 칭찬이라고 한다. 생각을 해보면 칭찬 또한 대화의 한 부분이다. 우리도 사람들과 대화를 나누다 보면 유독 부정적인 언어들을 써가면서 대화를 하는 사람들이 있다. 반면에 그 사람과의 만남만 생각해도 기분 좋아지는 그런 사람이 있다. 그런 사람의 특징을 살펴보면 상대방의 말을 많이 들어주며 공감해주고 상대방의 장점을 잘 찾아 이야기한다는 공통점을 어렵지 않게 발견할 수 있다.

사회에서 어른들도 칭찬 한마디에 표정이 바뀌고 기분이 바뀌고 업무성과가 바뀐다. 여기서 중요한 건 가짜 칭찬이 아닌 진짜 칭찬이다. 칭찬의 진위 여부는 해주는 사람도 받는 사람도 단번에 알 수 있다. 그래서 진심이어야만 한다.

어른들도 이렇게 칭찬의 영향을 받는데 이제 막 친구, 선생님과의 관계를 배워가는 우리 아이들은 커가는 과정에서 칭찬의 영향을 얼마나 받을지 생각해봤는가.

2010년 EBS에서 교육 대기획 〈10부작 학교란 무엇인가〉라는 프로그램을 방송했던 적이 있다. 방송이 책으로 출판되었다. 나는 책으로 먼저보고 흥미로워서 EBS 사이트에 들어가서 '다시 보기'로 보았다. 10부작중에서 〈6부. 칭찬의 역효과〉를 흥미롭게 보았던 기억이 있다. '칭찬이면다 좋은 거 아닌가?'라고 생각하며 방송 후에도 수업시간에 바로 적용할수 있는 부분이 있어서 몇 번 더 봤다. 내용을 정리하면 아래와 같다.

우리는 칭찬을 할 때 무턱대고 '정말 똑똑하구나.', '기억력이 되게 좋구나.'라고 하게 된다. 하지만 아이를 위해서라면 그런 재능에 대한 칭찬은역효과를 준다. 오히려 '짧은 시간에 노력을 많이 했구나.' 등 노력에 대해 칭찬해야 한다. 단순히 칭찬만으로 아이들의 자신감을 높여줄 거라는믿음은 틀렸다는 것이다.

아이가 어떤 것을 잘했을 때 우리 부모들은 '천재구나.', '정말 똑똑하구나.' 외에 별다른 칭찬을 생각하지 않는다. 아이들에게 머리가 좋다는 칭찬은 과제에 대해 머리가 좋은지 나쁜지를 평가하는 과정으로 생각하게한다. 의미 없이 하는 칭찬은 자신감보다 부담감만을 높일 뿐이다.

그리고 살짝 놀라웠던 부분은 아이를 향한 관심과 믿음이 있다면 굳이칭찬은 필요하지 않다는 내용이었다. 쉬운 칭찬 대신 필요한 것은 서로의 마음을 나누는 대화이고, 진심 어린 사랑이라고 한다.

그럼 진짜 칭찬은 어떻게 해야 할까?

우선 가끔은 아무 말도 할 필요가 없다. 그냥 보기만 하면 된다. '잘했어, 네가 한 일이 마음에 든다.'라고 하며 아이들을 계속 평가하려는 부모들은 아이들을 별로 믿지 않는 사람이라는 것이다. 아이 스스로는 좋은 일을 하지 않을 것으로 생각하고 칭찬을 통해 아이들을 조종해야 한다고 생각하는 것이다.

칭찬을 흔히 채찍과 당근이라고 한다. 그러나 그런 건 당나귀한테나 해당하는 것이다. 아이들은 당나귀가 아니다. 아이들은 진정으로 자기가 존중받는다고 느낄 때 바람직한 행동을 한다고 한다.

두 번째로는 그저 우리가 보는 것을 설명해주면 된다. 만약에 아이가 그림을 그린다면 '그림에 보라색을 많이 사용했구나.'라고 하거나, '사람들의 발가락을 그렸구나.'라고 하거나, '과자를 친구에게 좀 주었구나.'라고 말을 하면 된다. 그런 말들은 아이들에게 스스로 어떻게 느껴야 할지 결정을 하게 만들어주고 스스로에 대해서 어떻게 생각할지 결정하게 해준다.

세 번째로는 질문하는 것이다. '그 발가락 그리는 방법 어떻게 생각해

냈니?'라고 하거나, '네가 가장 좋아하는 색깔이 보라색이니?'라고 '왜 과자를 나누어 먹기로 했니?'라고 묻는 거다. '네가 이것을 한 것이 마음에 들어.'라고 하면서 아이를 평가하는 것이 아니다. 부모가 본 것을 직접 말하고 질문을 함으로써 아이들을 반응하게 만드는 것이다. 그런 것이 아이들을 도덕적인 사람들이 되도록 만들고 그런 행동을 즐기는 사람들로 만든다.

결국, 잘못된 칭찬은 자기의 자발성. 즉, 순수한 기쁨, 자연히 성장하면서 배우는 것에서 오는 굉장한 즐거움을 빼앗아가는 것이다. 또한, 외적 권위자의 지지나 인정에 절절매는 사람으로 만드는 것이다.

칭찬 또한, 한두 가지의 카테고리로 설명을 끝내면 설명하기에 수월했을지 모르겠다. 하지만 칭찬하는 방법에도 구체적으로 칭찬하는 방법과 칭찬이 오히려 해가 될 수도 있다는 연구들을 알려드리고 싶었다. 우리 아이들에게 맞는 다양한 칭찬 방법을 우리 부모들이 조금이라도 근접하게 찾으셨으면 하는 바람에서다.

예를 들어 외동딸이라 바르게 자랐으면 하는 부모의 마음 탓에 늘 타이트한 틀에 갇혀버린 아이는 작은 실수에도 자주 혼났을 수 있고 칭찬을 좋아할 수 있다. 이런 아이는 구체적인 칭찬을 자주 해주면 좋아진다.

반면에 집에서 막내아들이고 머리도 좋은 편이라 조부모님이나 주변에서 머리 좋다, 똑똑하다는 칭찬을 많이 들어온 아이는 칭찬을 줄일 필요가 있다.

단순한 칭찬 같아 보이지만 칭찬의 효과는 여러 방향으로 크게 나타나는 것이다. 이왕 엄마가 아이에게 힘을 실어주기 위해 하는 말이라면 조금 더 똑똑하게 해주면 좋지 않을까 하는 생각이다.

궁극의 목표, 자기주도적인 아이로 키우기

이 책을 보시는 부모님은 자기주도적으로 공부하셨는가? 나는 초등학교 때까지는 피아노학원을 제외하고는 학원에 다녀본 적이 없다. 그러다가 6학년 2학기 때쯤 동네 희망 보습학원에 다닌 것이 학원의 시작이다. 학원에 다니지 않았지만, 초등학교 동안 성적이 좋았다.

나의 선생님은 엄마였다. 엄마는 똑똑한 분이시다. 그 시대에 동네 학생들 과외를 하시고, 유치원 아이들을 가르치시는 일을 하셨다. 그리고 아빠를 만나 곧 결혼하셨다.

우리 집은 넉넉한 가정형편은 아니었다. 하지만 엄마께서는 나와 내 여동생을 교육적으로 열심히 키워주셨다.

나는 고1 때까지 서울 신림동에서 살았다. 지금도 기억이 난다. 학교도 들어가기 전인 어린아이의 나와 내 동생, 엄마는 버스를 타고 대학로에 연극을 보러 자주 갔었다. 초등학교 때도 버스를 타고 국립중앙박물관에도 자주 가고 예술의전당에도 자주 갔었다. 꼭 공연을 보지 않아도 주변을 산책하고 걸어 다니며 사진 찍었던 기억이 있다.

어느덧 세월이 흘러 내가 8세, 6세 아들 둘을 키우고 있다. 지금은 그때 비하면 차도 있고 먹는 것도 밖에서 손쉽게 사 먹을 수 있어서 훨씬 수월하다. 그래도 서울에 나 혼자 아이 둘을 데리고 연극을 보러 간다고 생각하면 힘이 든다.

그런데도 엄마께서 그렇게 다니셨던 건 우리에게 많은 경험을 하게 해주고 싶으셨던 게 아닐까 싶다. 어렸을 때의 그런 영향 때문인지 나는 지금도 연극이나 공연, 박물관 등을 다니는 것을 좋아한다. 보면서 돌아다니는 것은 뭐든 다 좋아한다.

나는 어린시절 많은 경험을 해보았다.

유치원 때는 유치원 대표로 구연동화를 하는가 하면, 초등학교 때는 여러 대학교에서 주최하는 피아노콩쿨대회에 매년 참가하기도 하며, 시에서 하는 백일장에 참가하여 입상을 하기도 하였다.

지금 생각해 보면 그 당시 교육열이 높은 엄마 덕분에 많은 경험을 해본 것 같다.

나는 엄마와 초등학교 6년 동안 홈스쿨링을 했다.

엄마는 학창 시절에도 공부를 잘하셨기 때문에 엄마의 공부법으로 공부하는 나는 잘할 수밖에 없었다. 엄마가 정확하게 개념설명을 해주시면 문제들을 푼다. 엄마가 채점을 해주시면 틀린 것들을 고친다. 다음날은 전날 틀렸던 문제들을 다시 한번 가볍게 본다. 엄마랑 공부하다 보면 엄마는 모르시는 게 없었다. 역사도 잘 아시고 특히 수학은 탑이었다. 지금도 고등 수학 문제를 푸실 정도이다.

그렇게 엄마와 공부를 하다가 6학년 말부터 나는 학원에 다니기 시작했다. 엄마가 일하시게 된 것도 이유이고 이제 중학생이 되었으니 스스로 공부를 할 수 있을 것으로 생각했었던 것 같다. 처음에는 좋았다. 친구들과 같이 다니는 것 자체가 좋았다.

그리고 중학교 첫 시험 성적이 나왔다. 정확히 기억은 나지 않지만, 평균이 채 80점이 되지 않았던 것으로 기억한다. 충격이었다. 초등학교 때는 나름 90점대를 유지하던 점수가 이게 웬 말인가.

일반적으로 중학교 첫 시험을 볼 때 하는 말이 있다. '초등학교 때처럼 공부하면 초등학교 성적보다 평균 10점은 떨어진다.' '중1 때 성적이 중3

때까지 간다.' 이 말을 학원에서 들었었다. 그만큼 공부를 열심히 하라는 선생님의 바람이 그 말에 내포되어 있다고 생각한다. 하지만 나는 이 말을 들었을 때 너무 싫었었다. 현실이 되면 어쩌나 하는 불안감이 있었기 때문이다.

그 뒤로 왜 성적이 떨어졌을까를 여러 번 생각해봤다. 지금 와서 생각해보면 원인은 이렇다. 일단 중1 때 친구들과 노는 재미에 빠져서 그런 것도 있다. 그래서 잠깐 공부 시기를 놓친 것. 그리고 제일 중요한 것은 나는 혼자 스스로 공부하는 법을 모르고 중학교로 던져졌다.

초등학교 때 엄마와 했던 공부방식은 엄마가 일일이 떠먹여주는 공부였다. 이것 끝나면 이것 하고 틀린 것은 이렇게 고치고, 시험 때는 이 내용이 중요하니까 이것 외우면 되고 등등 엄마가 처음부터 끝까지 공부를 주도했었다. 그러다가 갑자기 혼자 공부하려고 하니 멘붕이 올 수밖에 없었다. 공부를 내가 주도적으로 하는 방법을 배우지 못한 것이다.

요즘 엄마표 영어며 엄마표 수학이며 엄마와 공부하는 아이들이 많다. 학원에도 엄마와 공부하다가 고학년이 되고 중학생이 되어서 오는 아이들도 꽤 많다.

이 아이들이 예전의 나처럼 덩그러니 자기주도학습으로 떨어진다면 굉장히 힘들 것이다. 그리고 요즘엔 선행이나 사고력 수학도 많이 하기에 엄마와 어떤 방향으로 공부를 해왔는지도 중요하다. 어떤 방향으로 공부를 해왔건 대학수학능력시험이라는 대한민국 입시제도에 있는 한 시험을 위한 수학 공부를 해야만 하는 것이다.

여기서 정말 중요한 것이 있다. 엄마는 그동안 엄마표 수학으로 아이에게 최선을 다했다. 수많은 사교육 정보를 취합하여 가장 좋은 학원에 보내준다. 학원비도 비싸다. 이제 아이의 몫이니 열심히 해야 한다고 모든것을 떠넘긴다.

공부는 아이의 몫이 맞다. 그런데 그 몫을 아이에게 넘겨주더라도 하나하나 아이가 받아먹을 수 있을 만큼 적당히 넘겨주어야 한다. 학원을 보냈다고 해도 일주일에 서너 번 정도는 그전에 엄마와 공부했던 패턴으로 공부 습관을 유지하는 것이 좋다.

그러다가 공부했던 문제집을 하나씩 마무리하며 뺀다든가, 엄마가 옆에 있는 시간을 줄이고 아이가 혼자 있도록 한다든가, 엄마와 공부하는 횟수 자체를 점점 줄여나간다든가 하는 식으로 아이 스스로 공부하는 시간, 자기주도적으로 학습할 시간을 늘려주는 것이 필요하다. 그때 엄마는 옆에서 아이가 필요로 할 때 조금씩 도움을 주며 서서히 빠지면 되는 것이다.

스스로 공부하는 아이, 자기주도학습은 공부에서뿐만이 아니라 생활 습관에서도 함께 일어나야 한다. 자기주도학습이라는 것은 조금 구체적으로 생각해보면 본인이 스스로 주도해서 무엇이든 선택을 하고 그 선택을 이끌어나가고 그 선택의 결과에 책임까지 지는 것이다. 이러한 전반적인 연습을 우리는 수학을 통해서 부분적으로 시작하는 것이다.

"엄마, 그때는 왜 이렇게 공부가 하기 싫었나 모르겠어. 아이 키우면서 공부하려니 엄마가 밥 해주고 빨래 해주고 다 해줄 때 공부만 하라고 해도 안 하던 때가 기억이 나네. 항상 내 곁에서 든든하게 있어주는 엄마. 옳은 결정이 아닌, 항상 내 결정이 옳다고 말해주고 지지해줘서 고마워요! 사랑해요! 인숙 님!"

성적이 최고인 아이보다 개성 있는 아이로 키우자

나는 남편과 대학교 때 신입생과 복학생으로 만나 11년의 연애 후 8년 차 결혼생활을 하고 있다. 로또였다. '안 맞아, 안 맞아, 이렇게 하나도 안 맞을 수가.' 모든 연애의 과정이 그러하듯 죽도록 사랑한다. 콩깍지가 벗겨지면서 서로의 실체가 보인다. 서로 맞춘다는 의미로 싸우지만 이 시기를 겪어온 어른들은 안다. 서로 맞추는 건 없다. 한사람이 져야 싸움은 줄어든다는 걸. 그렇게 결혼을 한다. 신혼 기분으로 잠깐 좋다가 아이가 생긴다.

육아는 자체가 신비와 힘듦이다. 육체는 정신을 이길 수 없다. 몸이 힘들다 보니 말투 하나 좋을 리 없고 또 싸운다. 아이들이 크면서 싸움은 줄어든다. 불혹을 넘어가는 남편을 바라보고 있노라면 사랑이라는 감정 하나만으로 이야기하기 어려운 연민, 애증, 의리 등 여러 감정이 복합적으로 든다. 그리고 싸우는 에너지도 예전만큼 넘쳐 흐르지 않는다. 그래서 웬만한 부딪히는 일들은 넘어가게 되는 것 같다.

나이 40세를 바라보는 지금까지의 내 연애, 결혼사를 보면 그렇다. 이렇게 얘기하고 보니 우리 부부가 싸우기만 한 것처럼 보인다. 우리 부부는 오랜 세월을 함께 하다 보니 서로의 희로애락을 함께 겪을 수밖에 없었다. 결혼을 앞두고 아빠가 폐암으로 투병하실 때 남편은 아빠 곁에서 밤을 새웠고, 운명의 장난처럼 아빠가 돌아가시고 열흘 뒤 아버님이 사고로 돌아가실 때 나는 남편의 곁에 있으며 우리는 서로 의지했다. 고1 때부터 봐오던 내 동생과 남편은 지금도 형부, 처제라는 호칭보다 오빠, 빛나(빛나는 내 동생 이름이다.)라는 호칭이 지금까지도 더 익숙한 술친구이다. 일반 부부와는 다른 우리만의 역사가 있는 패밀리이다.

그리고 정말 중요한 것 하나는 내가 결혼 후에도 끊임없이 내 일을 하고 있었다는 것이다. 내가 내 일로 바쁠 때 다른 곳에 신경 쓸 시간과 여유가 없다. 그래서 시기적으로 보면 내가 바쁠 때 남편과의 사이도 좋았던 것 같다. 물론 사람과 사랑은 상대적이다. 워낙 나를 배려해주고 이해해주는 사람이라서 그때 또한 나만 편하고 남편은 힘들었을지 모르겠다.

그래도 힘든 내색 한번 없이 육아에 늘 동참하는 남편을 존경한다.

수학 공부법 책에 갑작스럽게 결혼이야기가 나와서 당황하셨을 것 같다. 나도 부끄럽지만 이런 이야기를 꺼낸 이유가 있다.

모든 일에는 '근본'이라는 것이 있다. 아이에게 근본은 무엇일까? 나는 부모라고 생각한다. 그중에서도 엄마이다. 나는 교육현장에서 아이에게 있어 엄마의 중요함을 유치, 초등, 중등, 고등 시절에, 더불어 어머님과의 상담을 통해 성인에게도 얼마나 중요한지, '평생을 좌우하는 사람이 엄마구나.'라는 걸 뼈저리게 느낀다. 중요함은 초, 중, 고, 나이를 망라하고 정말 중요하다는 것을 느꼈다. 40세든 50세든 나이와 상관없이 엄마 앞에 가면 어린아이가 되는 것을 보면 알지 않는가.

엄마의 표정 하나에 아이들은 울고 웃고 눈치를 본다. 엄마의 기분이 집안 분위기를 좌우하고 엄마의 마음이 편하면 아이의 마음도 편하다. 엄마가 불안하면 아이는 더 불안하다. 엄마가 괜찮지 않아도 괜찮다 한마디 하면 아이는 정말 안심을 한다. 나는 옛날이나 지금이나 엄마와 고기를 구워 먹을 때면 엄마께 꼭 여쭤본다.

"엄마, 고기 다 익었어?"

"응, 익었어. 어서 먹어."

눈이 점점 침침해진 엄마는 살짝 덜 익은 고기인데 괜찮다고 했고 나는 먹었다. 그냥 엄마가 익었다면 익은 거고, 엄마가 괜찮다고 하면 지금도 괜찮은 것이다. 엄마에 대한 무한 신뢰가 있는 것이다. 학습이라는 부분도 선생님이 다 채워줄 수 없는 부분이 있고, 인간관계에서도 그 공허한 부분들은 엄마가 채워준다.

나도 8세, 6세, 아들 둘을 키우는 엄마이다. 그러다 보니 아이를 키우는 엄마들과 자연스럽게 만나게 되고 이야기를 더 자주 하게 된다. 친구들도 아이가 한둘씩 있다 보니 육아를 하는 친구들끼리 모이게 된다. 이건 어쩔 수 없는 것 같다. 같은 공통점이 있다는 것은 인간사회화의 특성이라고 한다.

여러 아이를 키우는 엄마들과 이야기를 나누다 보면 안타까울 때가 많다. 여러 가지의 이유로 본인이 하고 싶은 일들을 포기하며 사는 모습을 보기 때문이다.

아이가 어리고 아이를 봐줄 사람이 없어서, 남편의 반대 때문도 있고, 경제적인 부분 때문도 있다. 다양한 이유에서 본인이 하고 싶은 것들을 포기한다. 그리고 그렇게 포기하는 해가 지나갈수록 내가 진짜 원하는 것이 무엇인지 모르고 살아가는 것을 보게 된다.

안 된다고 생각하면 일이 잘 안 되는 방향으로 상황은 흘러가게 되고 안 되는 방법만 생각하게 된다. 된다고 생각하면 되는 방향으로 상황은 흘러가고 되는 방법만 생각하게 된다.

내 동생은 가끔 나에게 말한다.

"언니, 언니처럼 언니하고 싶은 것 다 하고 사는 사람도 없을 거야."

인생을 한 번 돌아보며 내가 하고 싶은 대로 한 번쯤은 해봤을 때를 생각해보라. 없다면 지금이다. 하고자 하는 마음만 있다면 방법은 나오기 마련이다.

"이렇게 남편 내조하면서 아이들 바르게 키우면서 알뜰하게 살림하는 것도 나쁘지 않고 괜찮은 것 같아요."

'나쁘지 않은 것을 하려고 하지 말고 좋은 것을 하라, 내 심장이 뛰는 일을 하라.'라고 말씀드리고 싶다. 지금까지 한 이야기들을 조합해서 말씀드리겠다.

반찬 좀 사다 먹고, 배달 음식 좀 시켜 먹어도 엄마가 행복해야 아이들이 건강하게 큰다.

맛있는 밥, 정성 들인 밥도 중요하지만, 그것보다 더 중요한 것은 정서적인 밥이다. 유기농 식탁을 차려놓고 무표정한 엄마가 무미건조하게 이야기하는 게 좋을까? 모두 그렇다는 건 아니다. 집안일을 취미처럼 좋아하고 생기가 넘치는 엄마도 있다. 그런데 나는 하면 티도 안 나고 안 하면 티 나는 집안일을 하는 동안 힘들었던 기억이 있다.

일을 갓 시작한 엄마. 정신없지만 퇴근 후 사 오거나 배달을 시켜 놓은 먹을거리들을 펼쳐놓고 밥을 먹는다.(요즘에는 맛있으면서도 안전한 재료들로 요리하는 곳이 많다.) 힘들긴 하지만 경단녀였던 엄마는 요즘 자기가 하고 싶은 일을 하고 인정받는 느낌이 너무 좋다. 물론 경제적으로도 반찬 사고 차비로 지출하고 이것저것 품위 유지비까지 쓰다 보면 남는 것은 없다. 그래도 엄마의 밝은 표정과 에너지는 얼굴에 드러나고 아이들에게 즐거운 영향을 끼친다. 아이들은 점점 느낀다. 엄마는 바쁘지만 엄마가 하고 싶은 일을 하고 늘 즐거운 사람이라는 것을.

이제 엄마는 엄마의 꿈 때문에 바쁘다. 남편과 실랑이할 시간이 없다. '좋은 게 좋은 것이다.' 하고 여기며 넘어간다. 남편은 잔소리가 줄어든 아내를 편하게 느낄 것이다.

아이 성적에도 꼼꼼하게 신경 쓸 여유가 없다. 단기적으로는 아이에게 안 좋은 것은 아닌가 하고 생각할 수 있지만, 아니다. 아이들은 큰 학습의 틀만 정해주고 그 안에서 알아서 하는 힘을 기르는 것이 당연히 좋은 것이다. 이렇게 아이의 개성은 누가 찾아주는 것이 아니다. 스스로 찾아가는 것이다. 엄마가 엄마의 꿈을 찾아감으로써 아이들에게 좋은 환경을 제공하게 된 것이다.

물론 초반에는 정신이 없다. 집도 개판에, 빨래도 제대로 되어 있지 않고, 아이 책가방도 잘못 챙겨 학교에 가는 경우도 간혹 있게 될 것이다. 하지만 이건 잠깐이다. 어차피 다 제자리를 찾을 일들이다. 그러한 일들로 힘 빼지 말고 내 꿈을 향해 내가 하고 싶은 일을 향해 움직이자.

- 6 -

비법이 아니라 아이에게 맞는 방법을 찾자

If an egg is broken by an outside force,

life ends.

If an egg is broken by an inside force,

then life begins.

Great things happen from the inside.

알이 외부의 힘으로 깨지면,

삶은 끝난다.

그러나 알이 내부의 힘으로 깨어지면,

삶이 시작된다.

위대한 일들은 내부에서 일어난다.

공부에 비법이란 게 있을까?

비법이란 공개하지 않고 비밀리에 하는 방법을 말한다.

시중에는 많은 비법에 관한 책들이 나와 있다. '암기비법', '요리비법', '서울대 가는 비법', '수학 잘하는 비법', '책 쓰기 비법' 등 이런 비법들이 담긴 책은 어찌 보면 그 저자만의 방법, 노하우를 담아놓은 것이 아닐까 하고 생각한다. 그렇기에 우리도 그들의 비법을 똑같이 따라 하지 말고 그들의 비법 책에서 필요한 부분들만 꺼내와서 우리만의 공부 방법을 찾는 것이 바람직하다.

모든 사람은 타고난 '기본성향'을 가지고 있다.(예를 들자면, 요즘 유행하는 MBTI처럼….) 타고난 기본성향처럼 학습에도 '학습성향'이라는 것이 있다. 요즘 무료로 하는 검사 중에 〈EBS 학습 유형 진단 프로그램〉에 따르면 학습성향은 크게 8개로 나뉜다.

관계지향형은 친구나 다른 여러 사람과 함께 공부하는 분위기에서 더욱 시너지를 보여주는 타입이다. 반대로 독립형은 혼자 공부할 때 집중도 잘되고 공부가 잘되는 타입이다.

주도형은 스스로 하고자 하는 의지가 강해서 지나치게 선생님이나 부모가 개입하여 가르쳐주기보다는 방향 코칭이 좋다. 반대로 비주도형 학생은 배우고자 하는 마음만 갖춘다면 선생님을 잘 따르는 타입으로 과외 선생님들이 선호하는 타입이다.

응용형은 공부할 때 이해와 적용을 중요시하는 타입이고, 암기형은 다양한 유형 문제를 풀어보며 암기식 공부에 특화된 타입이다.

쓰기형은 많은 정보를 적어놔야 편하게 공부를 하는 타입이라 효율적인 노트 필기법을 갖추어야 한다. 읽기형은 눈으로 하는 공부가 편하니 주요 포인트들을 간단하게 메모하는 습관, 메모를 모으는 습관을 들여줘야 한다.

나는 가볍게 설명했다. 가입하면 검사를 진행할 수 있고 더 자세한 결과를 볼 수 있다. 충분히 참고하시면 좋을 듯하다.

이 밖에도 요즘엔 아이들을 위한 검사들이 많이 나와 있다. 웩슬러지능검사, 뇌발달검사, 기질성격검사(TCI), 지문검사, 심리검사 등 검사의 종류들도 다양하다. 모든 검사를 다 할 필요는 없다. 하지만 아이에게 필요한 부분이 있거나 필요하다고 느낀다면 검사와 상담을 권한다.

"따분하게 들릴지 몰라도요. 지내보면 따분한 일들이 가장 많이 생각나는 것 같아요."

— 영화 〈UP〉

나는 어렸을 때부터 상상하는 것을 좋아했다. 한 번도 선생님이라는 직업을 장래 희망으로 생각해본 적은 없었다. 그런데 지금 생각해보면 신기한 것들이 있다.

어렸을 때부터 누군가를 가르치는 것을 좋아했다. 누가 시킨 것도 아닌데 내가 아는 것을 설명하는 것을 좋아했다. 중학교 1학년 때 생일선물로 받은 파나소닉의 마이마이가 있었다. 손바닥만한 크기에 테이프를 넣고 노래를 들을 수 있고, 주파수를 맞추면 라디오도 나왔다. 내가 자주 쓰던 기능은 녹음 기능이었다. 빨간색의 동그란 버튼을 옆으로 살짝 당겼다 놓으면 공테이프에 녹음이 시작된다. 처음에 샀을 때 함께 온 마이크를 목 근처 옷자락에 꽂으면 내 목소리가 녹음된다. 요즘 아이들은 '이게 무슨 소리인가?' 할 것이다.

선생님이 된 나는 마이크에 대고 설명을 시작한다. 설명하다 보면 나도 잘 모를 때가 있다. 그럴 땐 녹음을 멈추고 교과서나 문제집을 찾아보며 개념을 다시 익힌 후 녹음을 다시 시작했다.

나는 공부는 그렇게 잘하는 학생은 아니었지만, 초등학교 때부터 해왔던 누군가를 가르치는, 몸에 밴 상상이 현실이 되었다. 그리고 지금도 아이들을 가르치는 일을 하고 있다. 이과 선생님이지만, 조금은 허황하게 느껴질 수 있겠지만, 나는 상상의 힘을 믿는다.

그리고 나는 나만의 공부비법을 찾았다. 남을 가르치면서 내 것으로 만드는 공부법.

위에서 제시한 공부성향검사들을 하더라도 참고만 될 뿐 절대적일 수는 없다. 나에게 맞는 공부 방법은 시행착오를 통해 계속 찾아가야 하는 것이기 때문이다.

공부를 시작하는 저학년 아이들이 처음부터 스스로 공부 방법을 찾을 수 없다. 부모님이 옆에서 생활습관과 함께 공부 습관을 잡아주며 아이에게 맞는 공부 방법을 함께 찾아야 한다.

공부 방법을 찾는 것 또한 하나의 습관이 되어 고학년, 중학생이 돼서는 스스로 공부 방법을 찾을 수 있어야 한다.

처음 공부한 방법이 아이에게 맞으면 정말 좋겠지만 그게 아니라면 아닌 방법으로 평생 공부할 수는 없는 노릇이다. 여러 방법을 시도해보고 아니면 바꿔보면서 찾아야 한다. 한 가지 방법을 3주 정도는 유지해보는 것을 추천한다.

"21일은 생각이 의심, 고정관념을 담당하는 대뇌피질과 두려움, 불안을 담당하는 대뇌변연계를 거쳐 습관을 관장하는 뇌간까지 가는데 걸리는 최소한의 시간이다."

— 존 맥스웰,『성공의 법칙』

나는 지금도 지금보다 더 나은 공부 방법이 없을까 하고 고민하며 더 효율적으로, 더 효과적으로 나도 공부하고 아이들에게도 알려줄 방법들을 계속 찾고 있다.

얼마 전에 알게 된 한 방법을 소개해볼까 한다.

피어스 대학에서 40년 이상 심리학을 가르치고 계신 저명한 Marty Lobdell(마티 롭들) 교수님의 학습법이다. 유튜브에서 알고리즘을 통해서 보게 된 영상이다. 몇 가지의 학습법들이 나오는데 나는 삼 일 전부터 이 한 가지를 집중적으로 실행하는 중이다.

교수님이 알려주신 효율적인 공부 방법 중에서 효율적인 공부시간은 30분 공부하고 5분을 꼭 쉬는 것이다. 공부시간은 훈련을 통해 연장할 수 있다고 한다. 아직 며칠 되지 않아 효과를 말하기는 어렵지만 일단 공부시간을 짧게 끊어가서 그런지 공부에 대한 부담은 적다.

21일 동안 진행해보겠다. 그 외에도 효율적인 공부 방법이 몇 가지 더 있다.

스스로에게 상을 주어라, 인지와 기억을 구분하라, 숙면은 필수다, 배운 직후 복습해라, 남을 가르쳐라, SQ3R 등 내용이 궁금하시면 유튜브에서 영상을 찾아보시는 걸 추천한다.

세상에는 다양한 공부법이 있고 나에게 맞는 공부법은 따로 있다. 하나씩 아이에게 대입해보며 방법을 찾아보자. 그 많은 공부법을 어떻게 대입하냐고 투덜거릴 수도 있지만, 그 과정 또한 아이에게는 경험이고 모든 경험에 헛된 것이란 없다.

자존감이 높아지면 성적도 오른다

"자녀교육의 핵심은 지식을 넓히는 것도 아니고 출세하는 것도 아니다. 단지 자존감을 높이는 데 있다."

— 톨스토이

2021년. 코로나19 팬데믹으로 1년 연기되었던 2020년 도쿄올림픽이 올해 열렸다. 수많은 반대에도 올림픽은 강행되었다. 세계인의 축제라는 말이 무색할 만큼 텔레비전에서 보이는 관중 없는 경기는 적막하기까지 했다. 불과 몇년 전만 해도 다른 나라 선수들은 동메달을 따도 웃으며 좋아하는데, 우리나라 선수들은 은메달을 따도 슬퍼하며 울거나, 국민들께

죄송하단 말을 하였다. 하지만 이번 도쿄올림픽에서 우리나라 선수들의 인터뷰는 최고였다.

올림픽에 참여한 Z세대가 나라를 위해서 꼭 메달을 따야겠다가 아니라 내가 최선을 다하고 즐기면 최고라는 마인드를 가지고 경기에 임하는 모습이 멋있어 보였다.

올림픽 경기를 치르고 메달을 따지 못해도 "행복했다."라고 인터뷰하는 우상혁 선수! 경기가 열리는 동안에도 SNS로 소통하며 자신의 감정을 솔직하게 드러내는 선수들! 우상혁 선수 코치의 인스타에 남아 있던 "우리는 단 7초를 위해 17,520시간을 이겨냈다."라는 실로 어마어마한 말! 선수들이 진정한 축제를 즐기는 듯한 모습에 보는 국민들까지 즐거웠다. 불과 몇 년 사이에 어떻게 이렇게 분위기가 바뀐 걸까?

'정말 우리 때랑은 달라졌네.'

나는 주변 아이들이나 학생들에게 손편지를 쓸 때면 자주 쓰는 말이 있다.

"웃음 많은 아이로 자라렴."

아이들의 웃음은 감출 수도 지어낼 수도 없기에 있는 그대로 행복했으면 하는 바람을 늘 이렇게 표현했었다.

공부는 당연히 중요하다. 더불어 수학은 더욱더 중요하다. 우리가 학교에 다니는 동안에도 계속해서 평가를 받아야 하는 부분이고 대학이라는 곳을 가기 위해 꼭 필요하다.

15년 이상 수학 강사로 있으면서 우리나라 사교육 시장이 나는 무서웠다. 비유를 하자면 동네 뒷산에서 잘 놀고 있는 아이들에게 에베레스트에 가자는 것과 같았다.

"얘들아, 너희 이렇게 동네 뒷산도 잘 오르는구나! 등산 좋아하니?"

"네, 좋아요."

"그래? 그럼 우리 이번엔 에베레스트 산을 등반해볼까?"

"거기가 어디에요?"

"세계에서 가장 높은 산이야. 이렇게 등산도 좋아하고, 동네 뒷산도 잘 오르는데, 조금만 더 노력하면 에베레스트 산도 등반할 수 있을 거야! 같이 가자."

즐겁게 수학 잘하던 아이들이 어느 순간 선행수학, 사고력 수학, 심화수학, 경시대회 등을 준비한다. 고등학교 3년 정도만 공부 열심히 하면 대학교에 갔었는데 옆 동네 아이들이 초등학교 때부터 고등학교 수학을 배운다고 하니 너도 나도 선행을 한다. 초등학교 6학년 아이가 중3 수학을 배우는데 6학년 내신은 70점이라고 심화 수학을 또 공부해야 한다고 한다.

말이 되는 걸까? 이 끝은 어디일까? 조금 가볍게 힘을 빼고 할 수는 없는 걸까?

이 책을 쓴 이유는 큰 맥락에서는 하나였다.

'아이들이 행복하게 수학 공부하기를 바라는 마음.'

수학을 잘하는 아이는 성적뿐만 아니라 마음을 보듬어주고, 수학 성적이 아쉬운 아이는 지금 아이의 수준에 맞는 처방을 제시하여 아이가 수학을 포기하지 않고, 수학을 잘하지 못하는 아이는 낮아진 자신감 회복을 하길 바라는 마음이었다.

초등학교 때 단짝이었던 선주라는 친구가 있다. 중학교부터 다른 학교에 다녔지만 우리는 꾸준히 연락했다. 성인이 되어서도 연락을 계속했고 바빠서 자주는 못 봤지만 가끔씩 연락을 하고 몇 년에 한 번씩 봐도 서운한 것 하나 없이 늘 어제 만난 것처럼 편안한 친구다.

선주는 어렸을 때부터 늘 사람을 기분좋게 해주는 친구였다. 아이가 첫 크리스마스를 맞이하는 날 축하해주러 우리 집에 왔다. 선주를 집에 데려다주고 문득 이런 생각이 들었다.

'왜 선주를 만나면 나는 뭔가 대단한 사람이 되어 있지?'

어렸을 적부터 선주가 나에게 했던 말을 떠올리면 "샛별아, 너는 보조개가 너무 이뻐. 머릿결이 너무 좋아. 피부가 진짜 좋아. 너는 너무 재미있어. 아이들 수학 가르치는 거 어려운데 대단해. 넌 센스 있어. 넌 멋진 엄마야."라며 항상 듣기 좋은 말을 구체적인 이유를 대면서 해주었다. 어려서부터 선주의 대화법이었던 것 같다.

사람을 기분 좋게 해주는 사람이기에 만나고 나면 기분이 좋아지고 또 만나고 싶어지는 친구다. 생각해보면 선주는 이쁜 얼굴에 마음도 이쁘고 공부도 잘하는 아이였다. 그럼에도 불구하고 항상 자신을 낮추고 남을 높여주는 아이였다. 나는 선주에게서 사람을 대하는 법을 많이 배웠다.

학창 시절 나의 자존감이 높았던 데는 내 친구 선주의 영향이 크지 않았을까 싶다.

자존감은 인생을 살아가는 데 있어 중요한 가치이다. 자존감이 높은 경우에는 매사에 긍정적이고, 무엇을 하든 열심히 노력하고, 다른 사람에 대한 배려심도 높고 회복 탄력성도 좋다. 반면서 자존감이 낮은 경우는 매사가 부정적이고 해야 할 일이 생겨도 열심히 노력하지 않고, 다른 사람에 대해 의심하고, 무시하게 되는 경향이 있다.

잠깐 아이의 자존감을 낮추는 대화를 보여주려 한다.

아이: 나 코트 입고 나갈래!

부모: 감기 걸리면 어쩌려고, 밖에 추우니까 패딩 입고 나가!

아이: 알았어요.

언뜻 보면 평범한 대화인 듯 보인다. 하지만 이 대화 속에 아이의 자존감은 없다. 코트를 입고 싶어 했던 아이의 마음은 온데간데없고 그저 아이가 감기에 걸리지 않길 바라는 엄마의 마음만 있는 것이다.

그런데 더 중요한 건 부모가 궁금해하지 않으면, 아이도 결국 궁금해하지 않게 된다는 점이다. 아이가 자신의 욕구나 감정을 내비칠 때, 나를 가장 사랑해주고 곁에 있어줄 사람이 관심 가져주지 않고 '존중'해주지 않으니, 자신의 욕구와 감정을 알아채거나, 알아낸다고 하더라도 존중하는 법을 배우지 못한다. 그러면 아이는 주체적인 삶을 살지 못한다.

변화가 필요하다. 아이가 하는 선택과 판단, 표현에 대해서 인정해 주어야 한다. 물론 아이의 판단이 틀렸을 수 있다. 하지만 부모의 역할은 판단과 결정이 아닌 틀림, 실패, 좌절에 대한 완충지대 역할이다. 부모가 앞에서 끌고 가는 것이 아니라 손을 뻗으면 잡아줄 수 있는 위치에 있는 것이 가장 이상적이다.

수학은 우리의 인생의 일부일 뿐이다. 하지만 이 수학으로 우리 아이들은 많은 것들을 얻을 수도 잃을 수도 있다. 이건 비단, 성적을 통한 것만을 이야기하는 것은 아니다. 성적보다 아이의 마음을 0순위에 두고, 아이의 마음과 함께 수학 성적뿐 아니라 감정 성적도 1등이 되기를 기대하며 이 글을 마친다.

사람들이 살아가는 하루란
웃음과 울음
그리고, 그 사이 어디쯤이 계속되는 시간들이란다.
네가 살아가는 날들은
절망보다는 희망이
미움보다는 사랑이 많은 날이었으면 좋겠구나.
배는 항구에 정박해 있을 때가 가장 안전하단다.
하지만 배는 항구에 정박해 있으라고 만든 것이 아니란다.
크고 작은 파도가 기다리는 저 넓은 바다를 향해
이제 출항이다.